Einstern

1

Themenheft 3

- Die Zahlen bis 20
- Zeit
- Verwandte Aufgaben
- Symmetrie
- Verdoppeln und halbieren
- Daten und Kombinatorik

Erarbeitet von Roland Bauer und Jutta Maurach

In Zusammenarbeit mit der Redaktion Mathematik Grundschule

Cornelsen

Inhaltsverzeichnis

Lernportion 1 Zahlen bis 20 ermitteln und darstellen

Lernportion 2 Zahlen vergleichen und ordnen

Lernportion 3 Zeit

Lernportion 4 Verwandte Aufgaben

Lernportion 5 Symmetrie

Lernportion 6 Verdoppeln und halbieren

Lernportion 7 Daten und Kombinatorik

1

11 12 13 14 15

16 17 18 19 20

- ★ Anzahlen durch 1:1-Zuordnung und Strichlisten bestimmen
- ★ ggf. Durchstreichen als Zählhilfe nutzen
- ★ Strukturen bei Bildern und Strichlisten nutzen

1 Bündeln kennenlernen und Anzahlen bestimmen

1

2

1	7

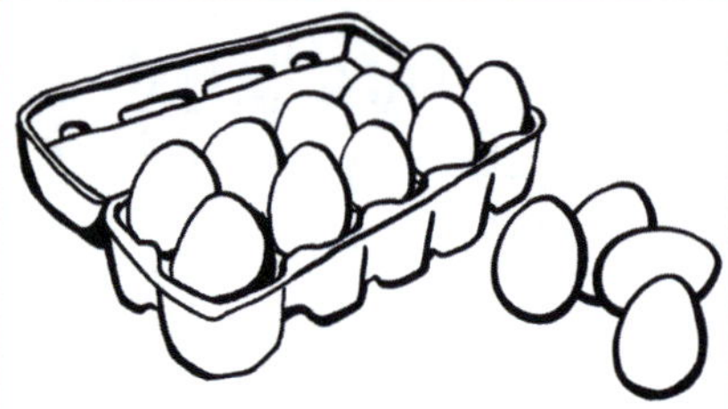

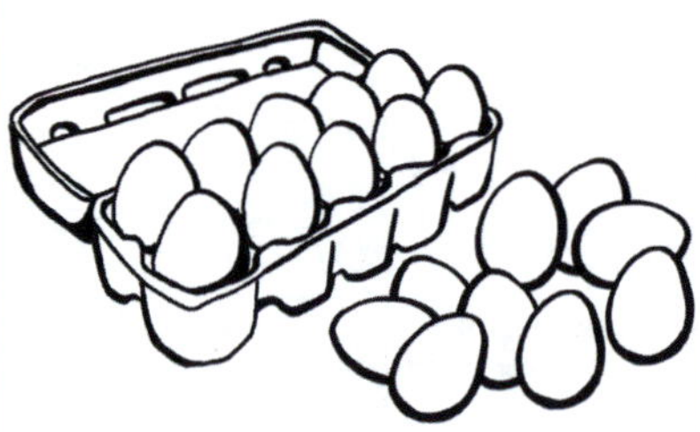

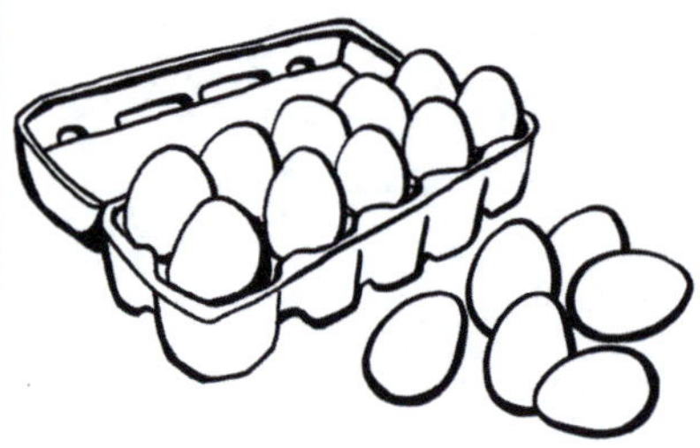

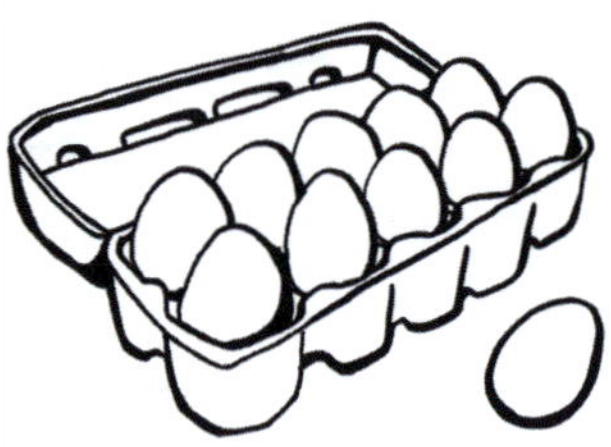

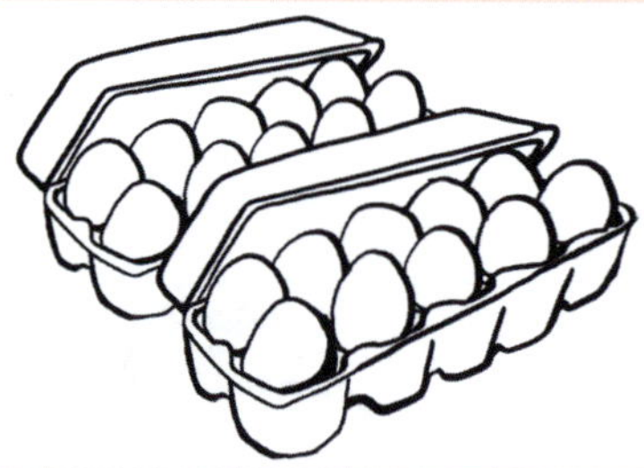

3

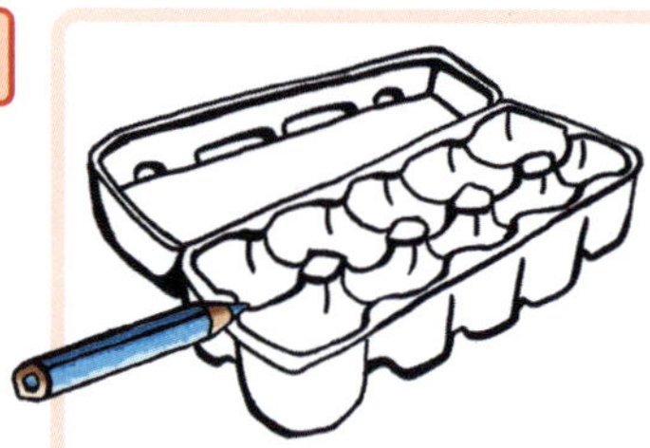

1	8

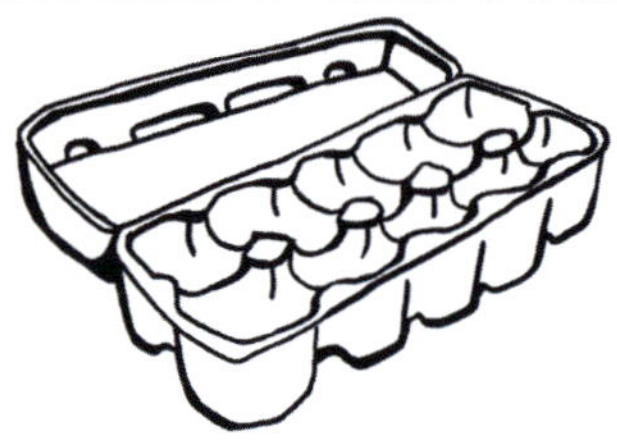

1	2

* Anzahlen von Eiern schätzen und zählen
* Zehnerbündelung als Zählhilfe kennenlernen und nutzen

1

2

1	2

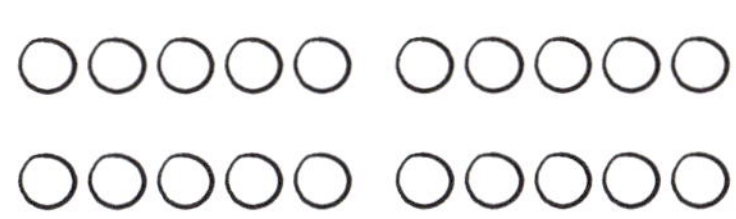

3

1	4

1	1

Zahlen aus Zehnern und Einern bilden

1

10 Einer ergeben 1 Zehner.

2

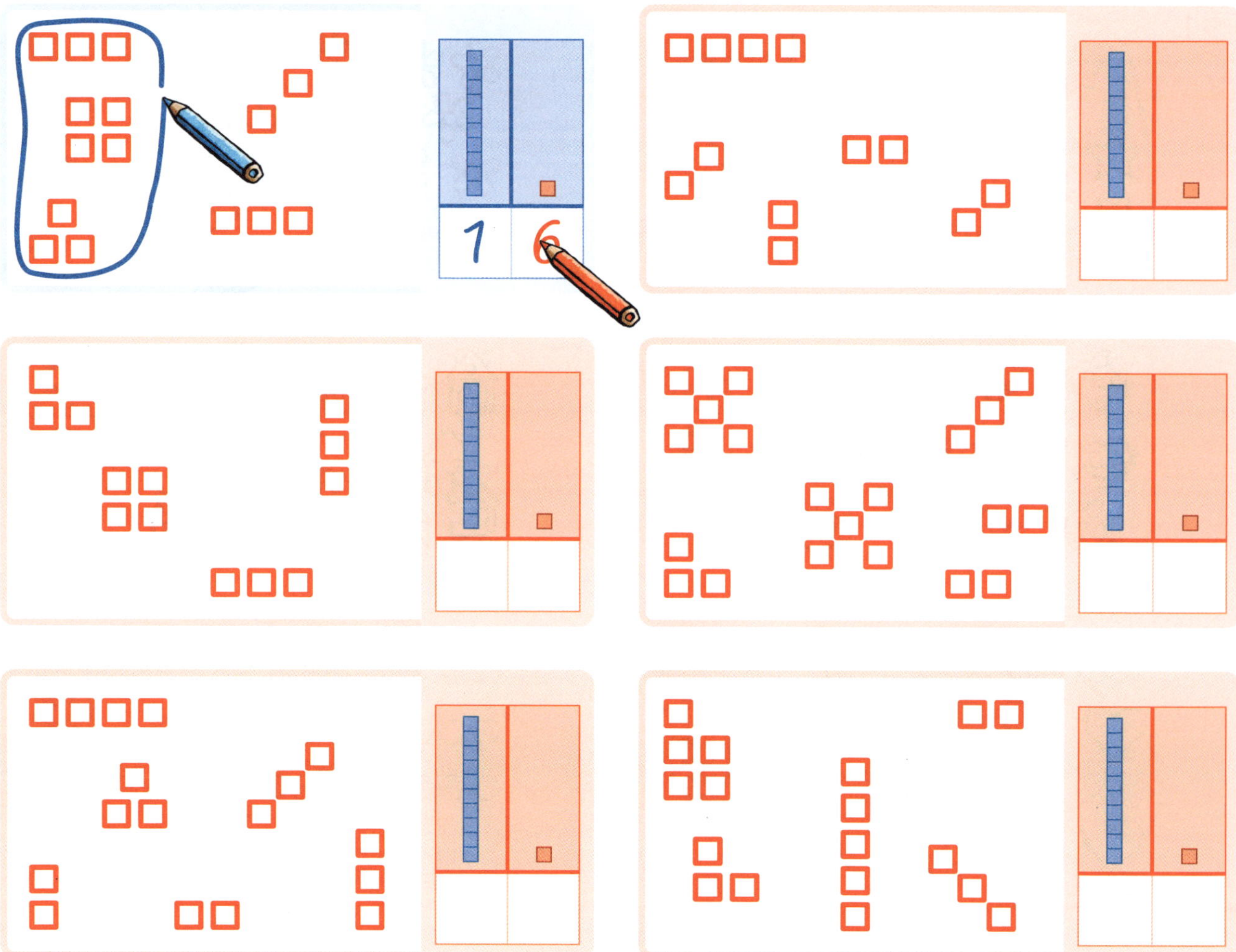

3

* Anzahlen von ausgelegten Steckwürfen schätzen und zählen
* Zehnerbündelung als Zählhilfe nutzen
* **SF:** Begriffe „Zehner“ und „Einer“ verwenden

1 Zehner und Einer zusammenfügen

1

2

16

12

17

18

20

13

15

19

11

14

1

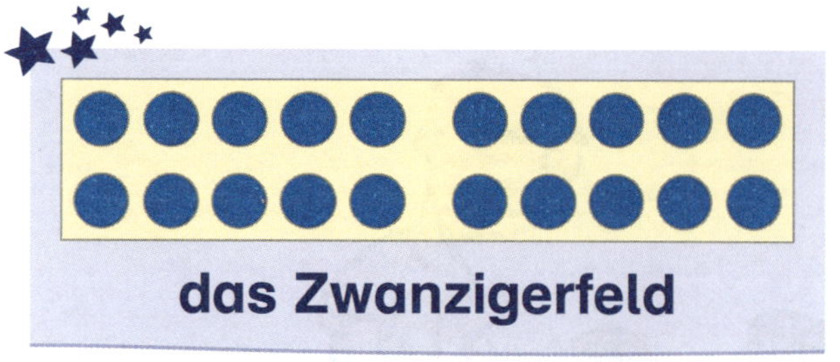

2

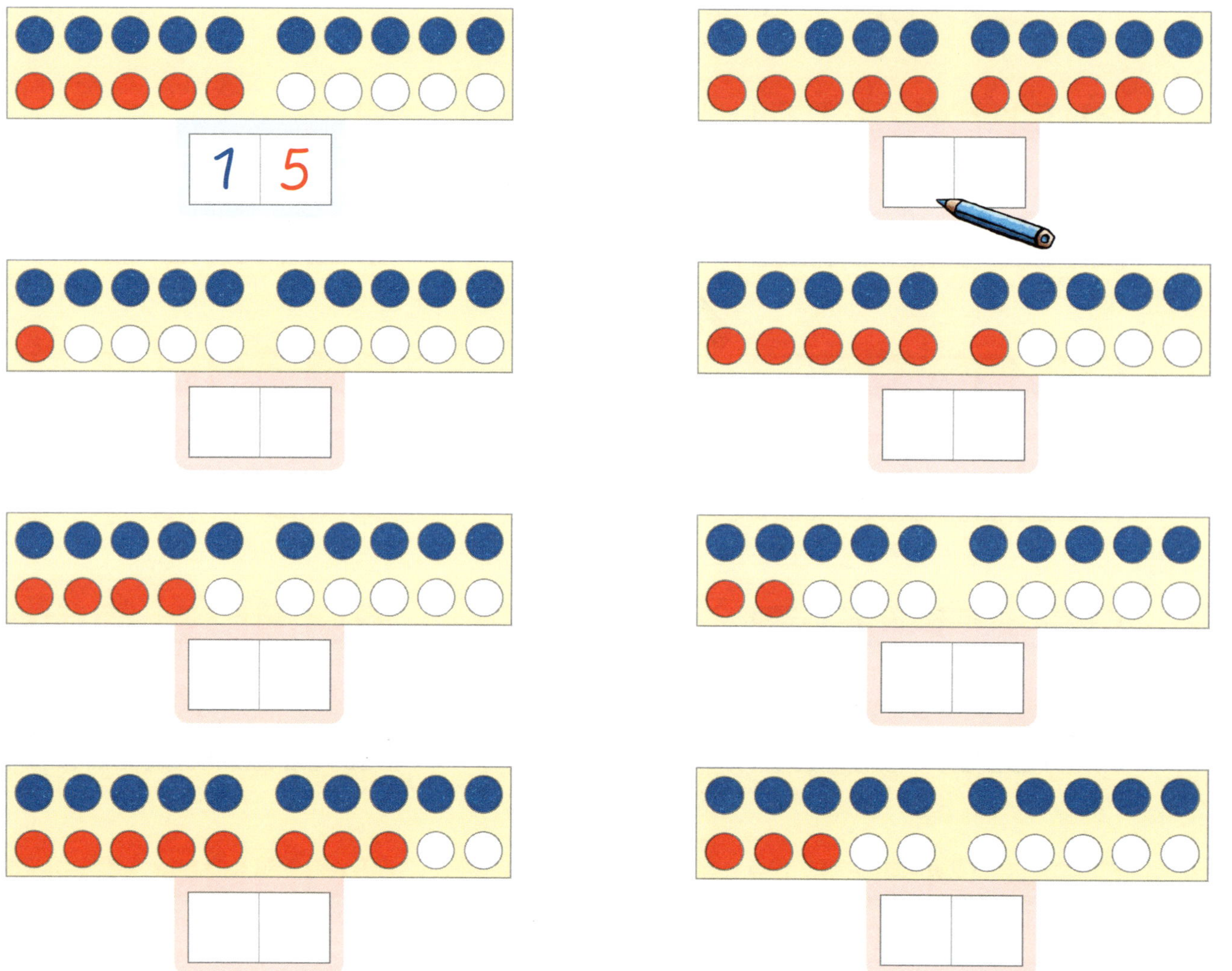

3

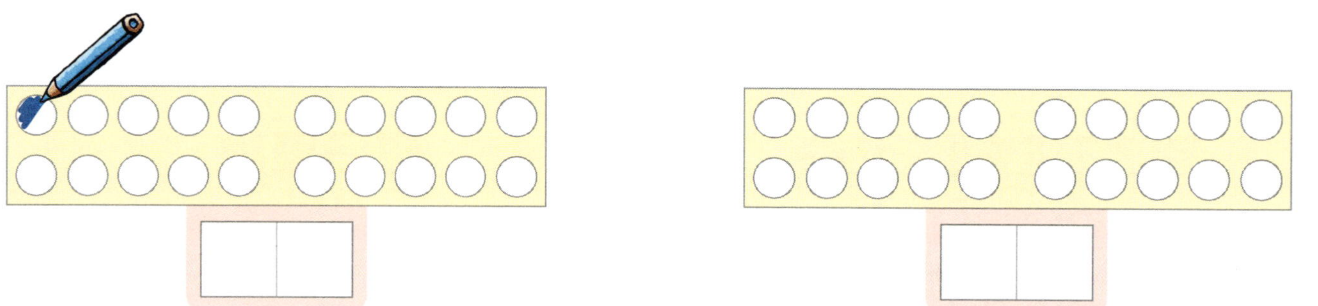

* Zahlen als Punktebilder im Zwanzigerfeld legen und zeichnen
* **SF:** Begriff „Zwanzigerfeld" verwenden
* Zahlen passend zum Punktebild notieren

1

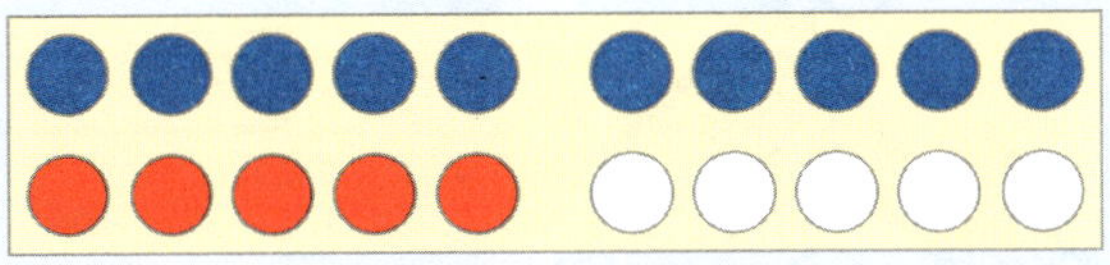

1 0 + 5 = 1 5

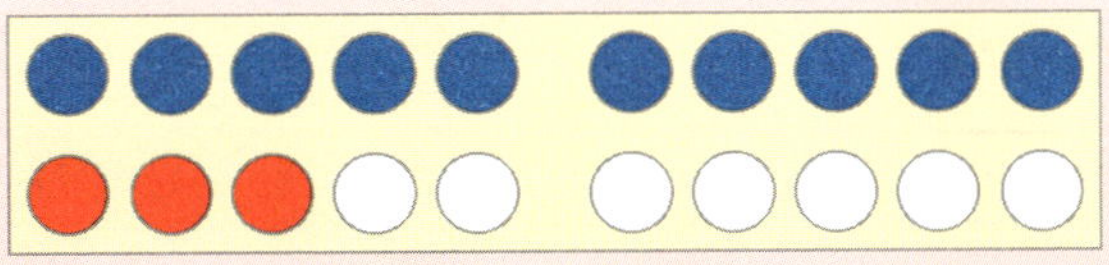

☐☐ + ☐ = ☐☐

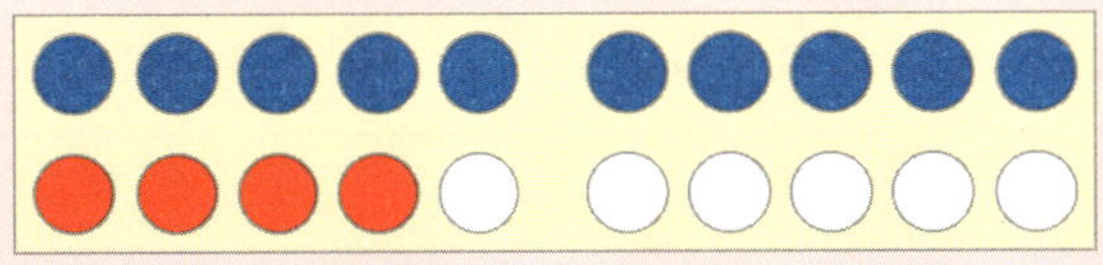

☐☐ + ☐ = ☐☐

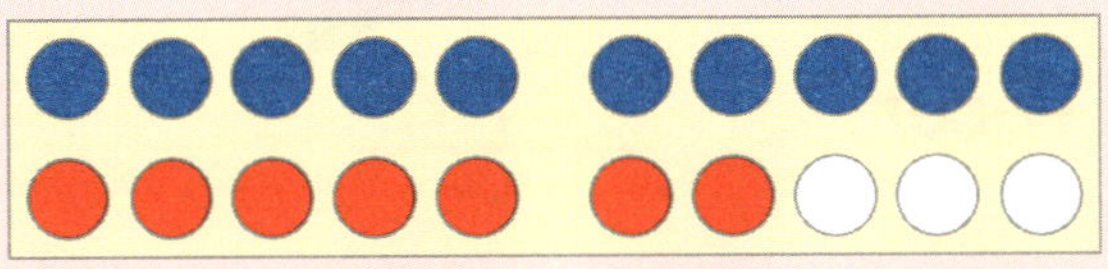

☐☐ + ☐ = ☐☐

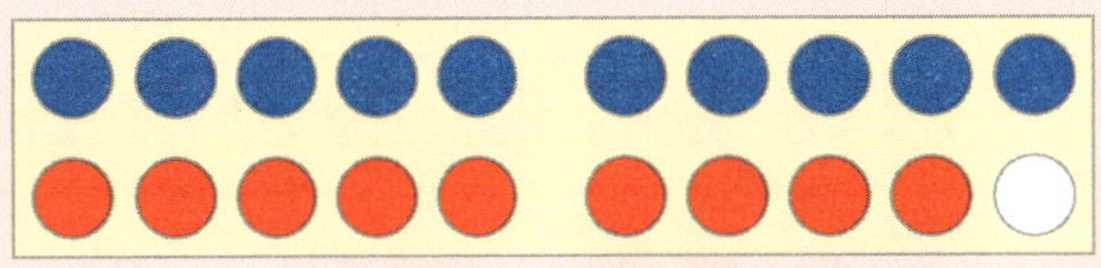

☐☐ + ☐ = ☐☐

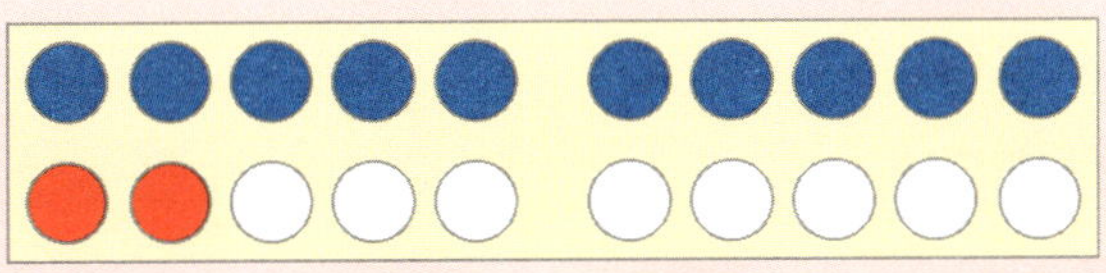

☐☐ + ☐ = ☐☐

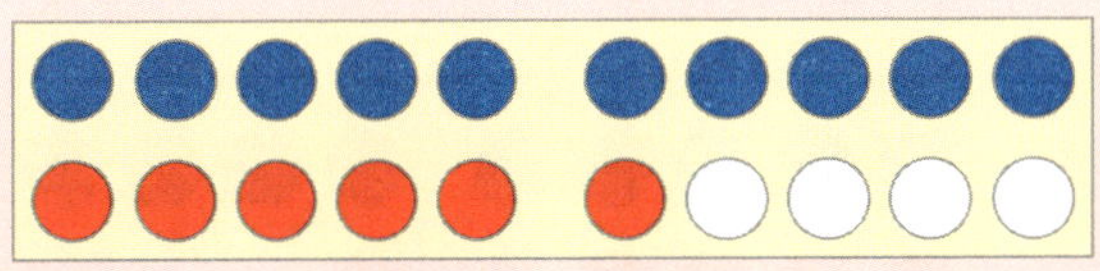

☐☐ + ☐ = ☐☐

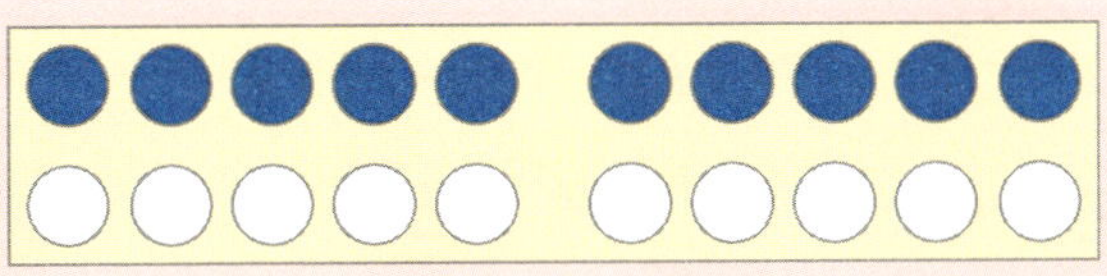

☐☐ + ☐ = ☐☐

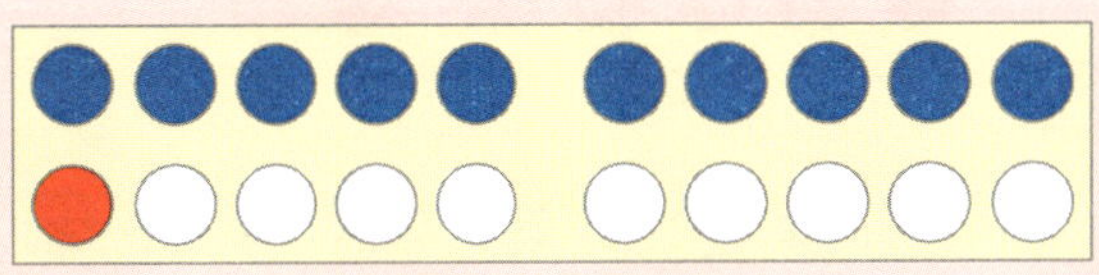

☐☐ + ☐ = ☐☐

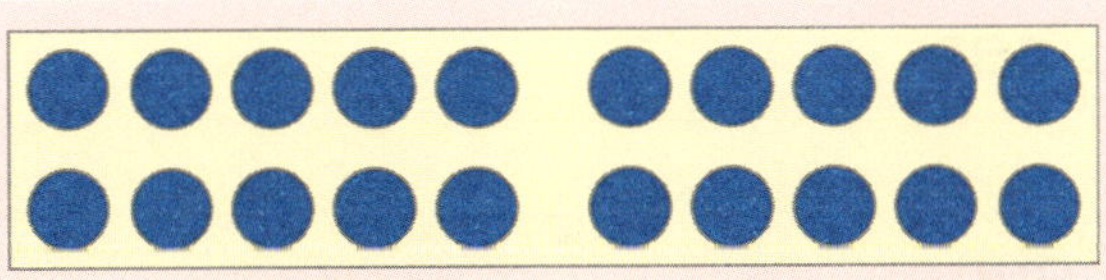

☐☐ + ☐☐ = ☐☐

☐☐ + ☐ = ☐☐

1

Z	E

die Stellentafel

2

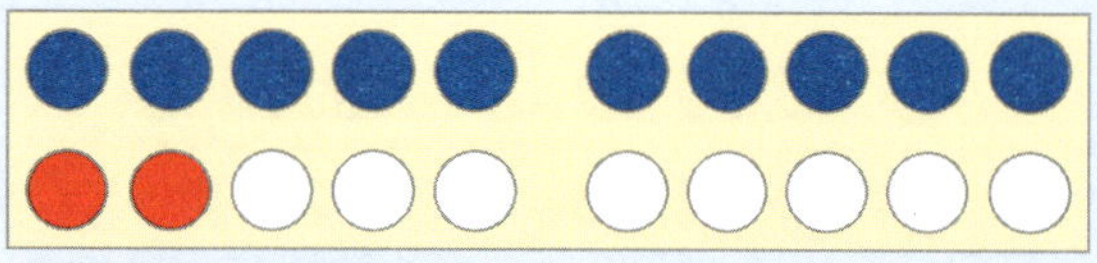

1 Zehner
2 Einer

Z	E
1	2

1	2

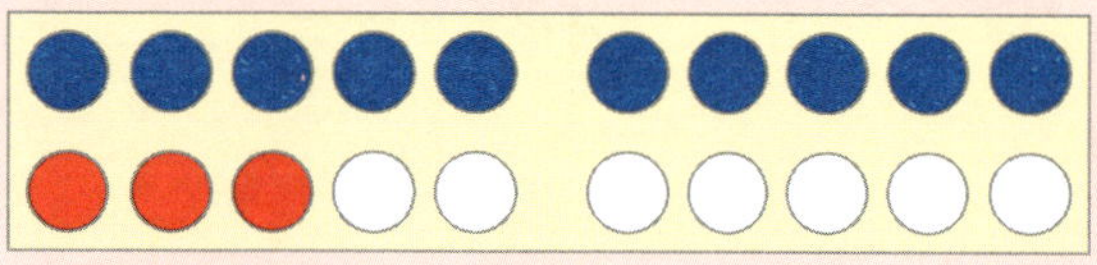

1 Zehner
3 Einer

Z	E

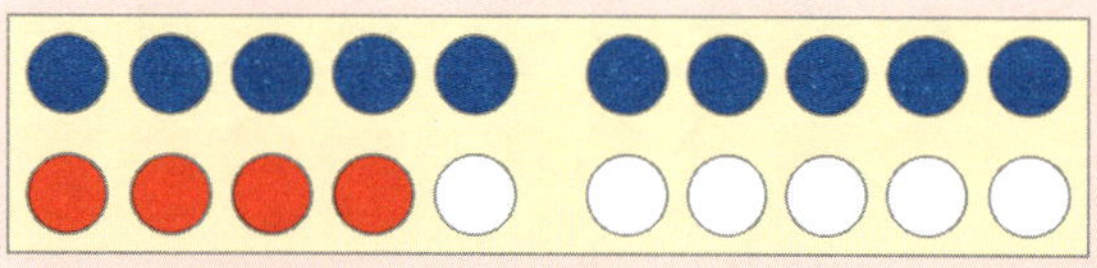

1 Zehner
4 Einer

Z	E

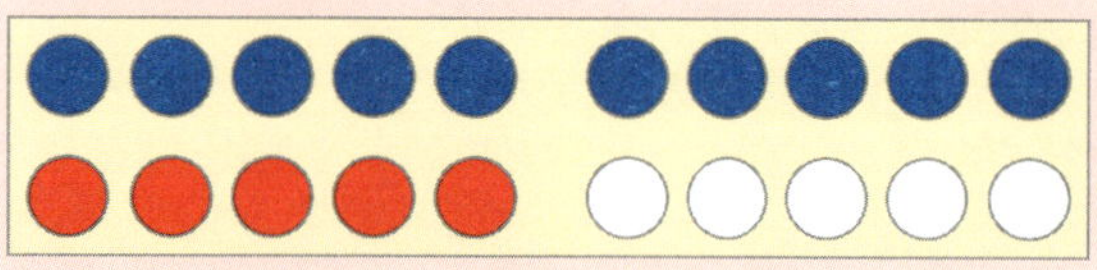

1 Zehner
5 Einer

Z	E

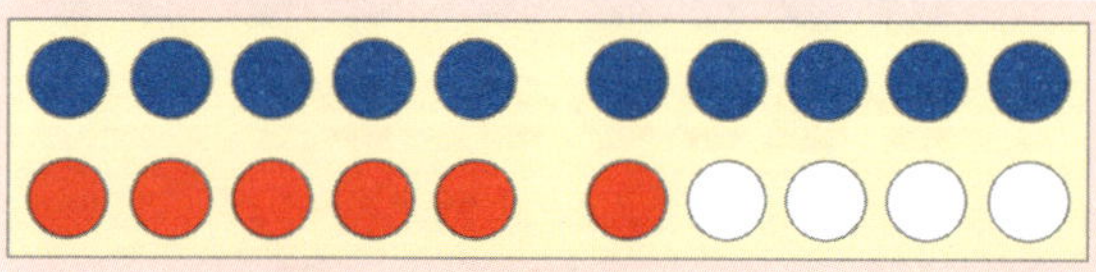

1 Zehner
6 Einer

Z	E

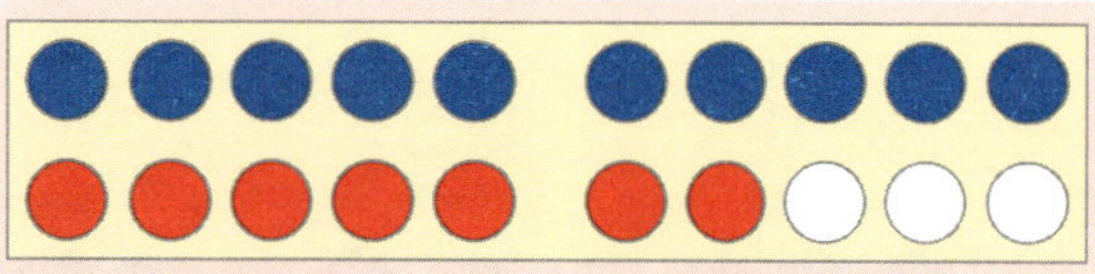

1 Zehner
7 Einer

Z	E

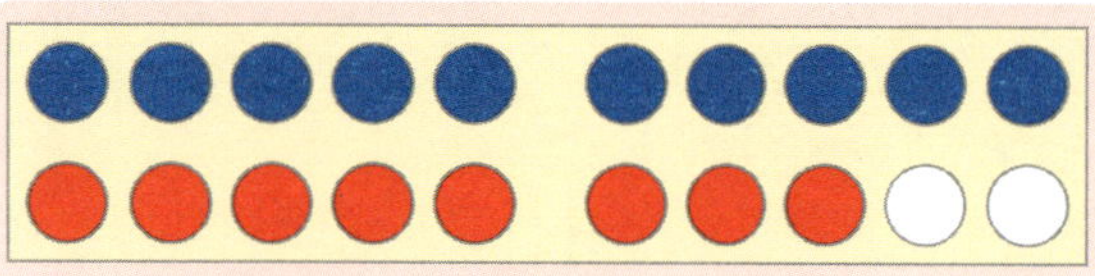

1 Zehner
8 Einer

Z	E

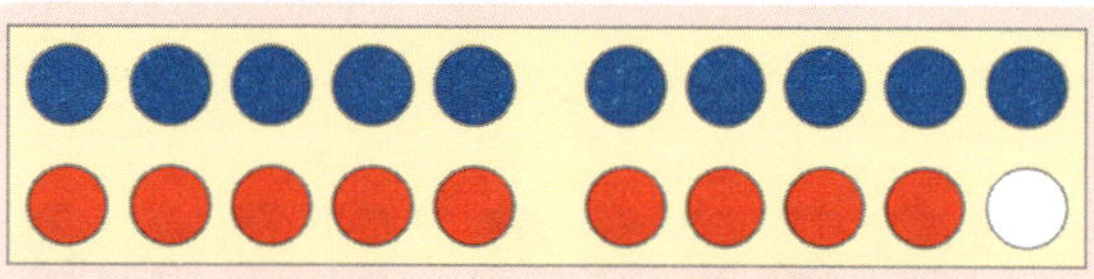

1 Zehner
9 Einer

Z	E

2 Zehner
0 Einer

Z	E

★ Zehner-Einer-Struktur in die Stellentafel übertragen
★ SF: den Begriff „Stellentafel" verwenden
★ SF: Zahlwort sprechen ★ SF: Besonderheiten bei der Sprechweise erkennen

1

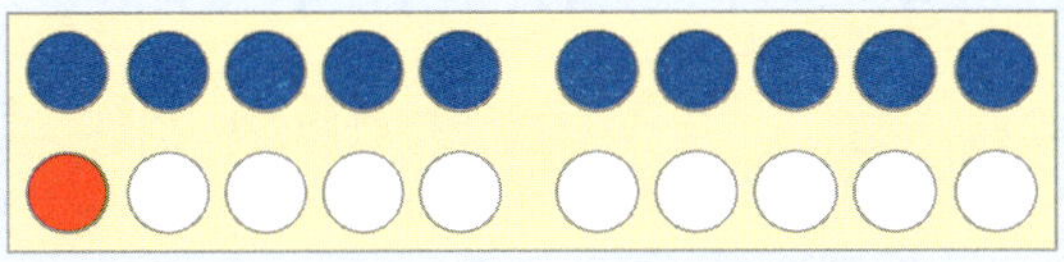

11 = 10 + 1

Z	E

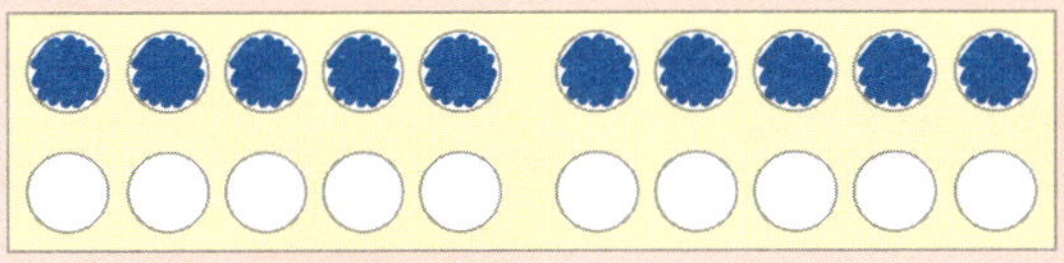

16 = ☐ + ☐

Z	E

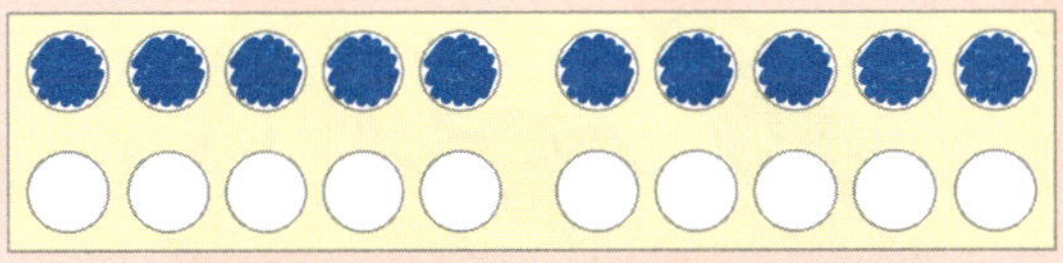

☐ = ☐ + 9

Z	E

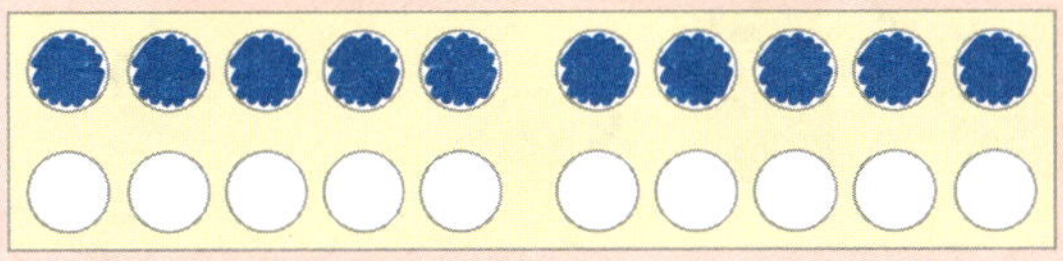

☐ = ☐ + ☐

Z	E
1	0

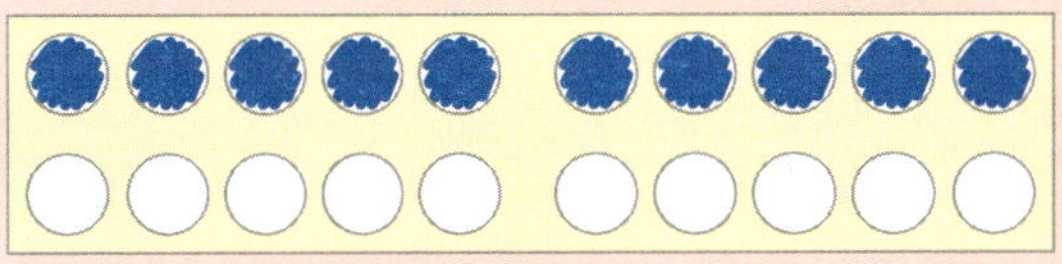

12 = ☐ + ☐

Z	E

☐ = ☐ + ☐

Z	E

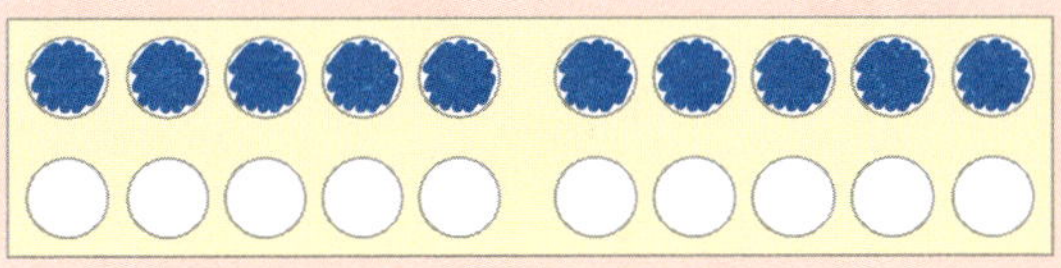

☐ = ☐ + ☐

Z	E
1	4

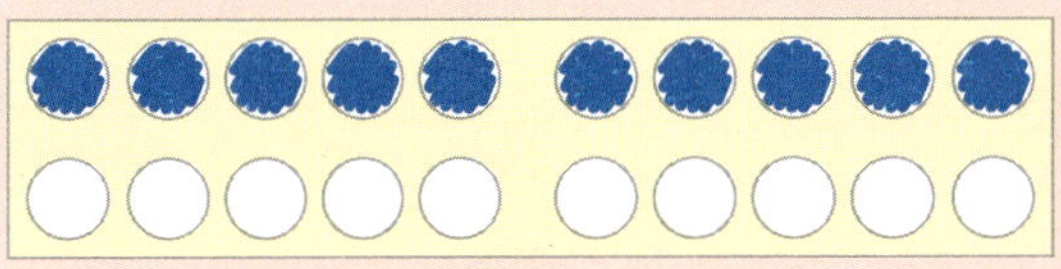

☐ = ☐ + 7

Z	E

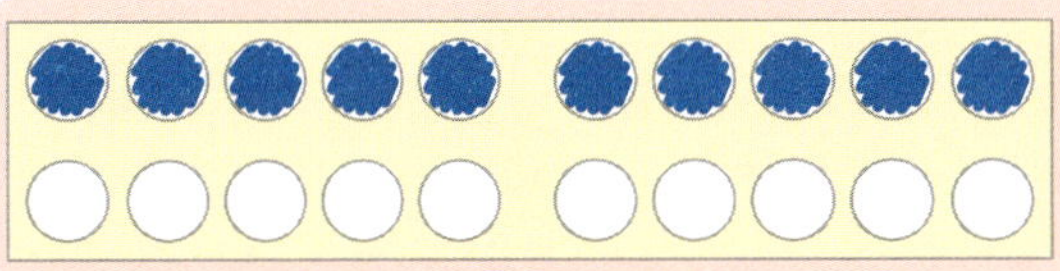

13 = ☐ + ☐

Z	E

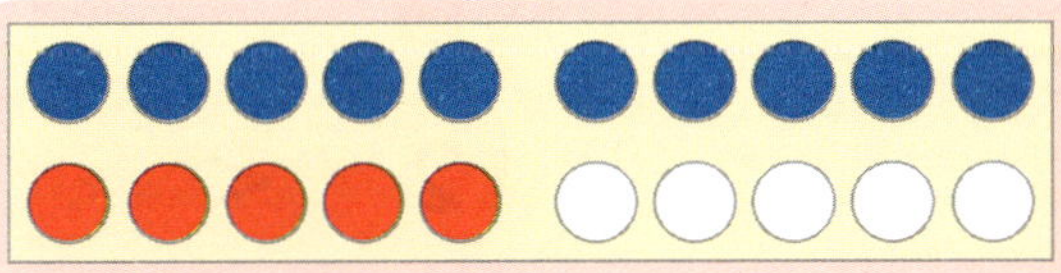

☐ = ☐ + ☐

Z	E

⋆ verschiedene Zahldarstellungen ineinander überführen

13 < 16	15 = 15	18 > 12
13 **ist kleiner als** 16.	15 **ist gleich** 15.	18 **ist größer als** 12.

1

2

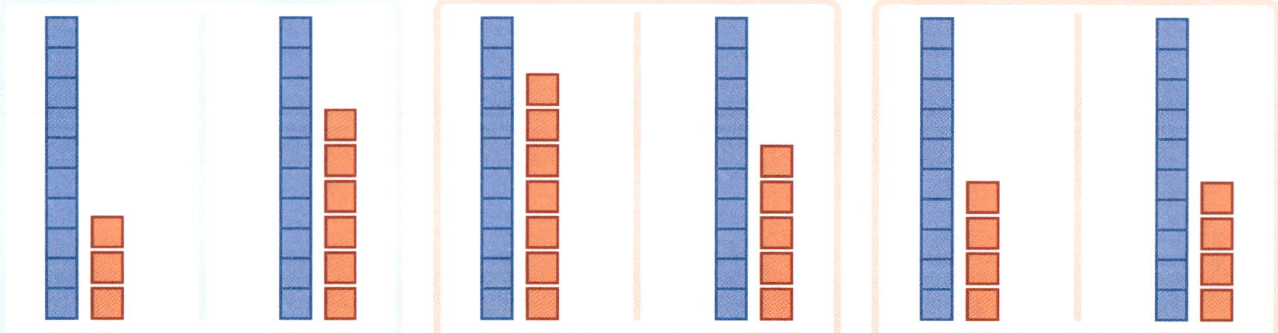

13 < 16 | ◯ | ◯

3

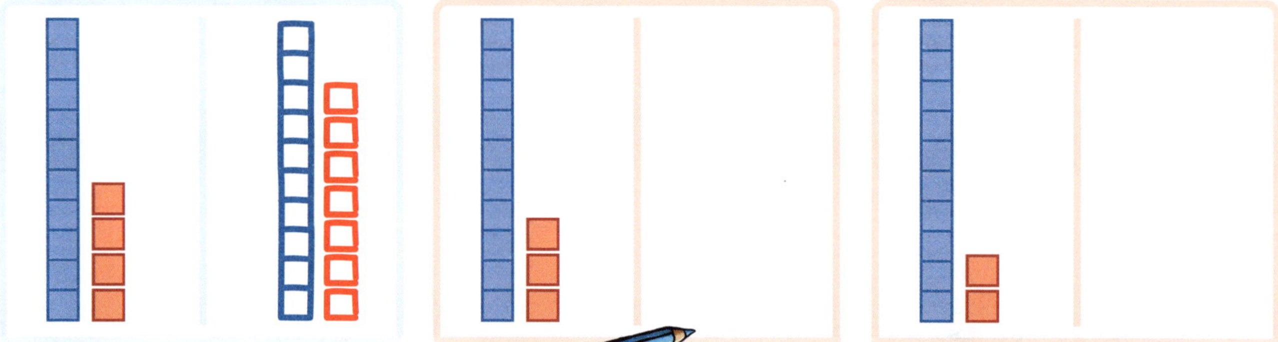

14 < 17 | 13 > | 12 <

123 B

* SF: mit Steckwürfen und Zahlenkärtchen Zahlvergleiche durchführen und dazu sprechen
* bildlich dargestellte Zahlen vergleichen
* passende Steckwürfelbilder und Zahlen finden

4

13 < 18	10 ◯ 8	9 ◯ 12
19 ◯ 20	15 ◯ 19	17 ◯ 17
15 ◯ 11	18 ◯ 20	18 ◯ 16
17 ◯ 14	16 ◯ 16	13 ◯ 11

5

18 > ☐☐	10 < ☐☐	☐☐ > 13
20 > ☐☐	14 > ☐☐	☐☐ = 15
11 = ☐☐	16 < ☐☐	☐☐ > 8
9 < ☐☐	12 > ☐☐	☐☐ < 19

6

☐☐ < ☐☐	☐☐ = ☐☐	☐☐ > ☐☐
☐☐ > ☐☐	☐☐ < ☐☐	☐☐ = ☐☐

7

14 > 8	7 15	11 14
12 16	19 19	19 17
9 11	20 13	18 18

★ Relationszeichen >, < oder = passend einsetzen
★ zu vorgegebenen Zahlvergleichen passende Zahlen finden, erkennen, dass es mehrere Lösungen gibt

1

2

>10 größer als 10			
11	8	9	14
13	12	17	19
15	7	6	20

<15 kleiner als 15			
10	16	17	12
18	13	9	20
14	19	18	6

>13 größer als 13			
12	11	9	19
14	20	18	17
16	7	10	8

3

11 15 ~~9~~ 10

9 < ☐ < ☐ < ☐

8 16 12 18

☐ < ☐ < ☐ < ☐

7 17 14 12

☐ > ☐ > ☐ > ☐

13 18 15 11

☐ > ☐ > ☐ > ☐

4

◯ ◯ ◯ ◯

☐ < ☐ < ☐ < ☐

◯ ◯ ◯ ◯

☐ > ☐ > ☐ > ☐

 B ÜH 33

★ SF: Zahlvergleiche legen und in Sprache übertragen ★ erkennen, dass es mehrere Lösungen gibt ★ Zahlen der Größe nach ordnen, am Relationszeichen erkennen, ob mit der kleinsten oder der größten Zahl begonnen wird

1

16 > ▢

11 12 8 19 7 15 17 13

12 < ▢

19 13 11 15 14 9 17 10

2

13 > ▢ > 9

18 16 11 6 10 7 14 12

8 < ▢ < 14

13 15 10 9 11 16 0 8

3

12 11 ~~9~~ 14 16 ~~18~~

	9	<	1	8
		<		
		<		

20 12 11 8 13 15

		>		
		>		
		>		

4

3 + 4	<	8		6 + 2	◯	10 − 3
2 + 6	◯	5		9 − 3	◯	4 + 2
8 − 5	◯	7		10 − 1	◯	3 + 4
7 − 4	◯	3		9 − 7	◯	7 − 4

* zu vorgegebenen Zahlvergleichen alle möglichen vorgegebenen Lösungszahlen finden
* aus vorgegebenen Zahlen Zahlvergleiche erstellen
* bei Ungleichungen passende Relationszeichen ergänzen

1

13	14	15

13 ist der **Vorgänger** von 14.
15 ist der **Nachfolger** von 14.
13 und 15 sind die **Nachbarzahlen** von 14.

2

16	17	18		11		13		10		12
18		20		9		11		14		16

3

9	10	11			5				12	
	13				18				1	
	19				17				15	

4

13	14	15				20		9		
		14				2		14		

5

★ zu vorgegebenen Zahlen Nachbarzahlen finden
★ SF: Begriffe „Nachbarzahlen", „Vorgänger", „Nachfolger" verwenden

123 B

2 Zahlen in der richtigen Reihenfolge verbinden

1

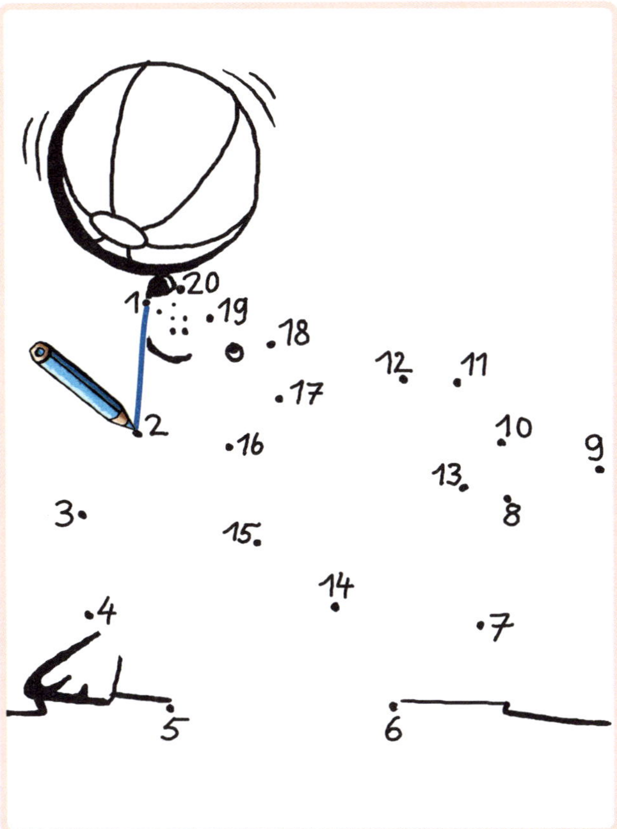

2

★ Zahlen der Reihenfolge nach vorwärts und rückwärts verbinden

1

2

6			9			12			
		10			13	14			
11								19	

3

17	16		14				10

15		13				9		
20		18						

4

			12					17	
				16					11
			10					15	

1 2 3 B

* Zahlenfolgen vorwärts und rückwärts legen
* Ausschnitte aus Zahlenfolgen ergänzen
* anhand von nur zwei vorgegebenen Zahlen absteigende und aufsteigende Zahlenfolgen erkennen

1

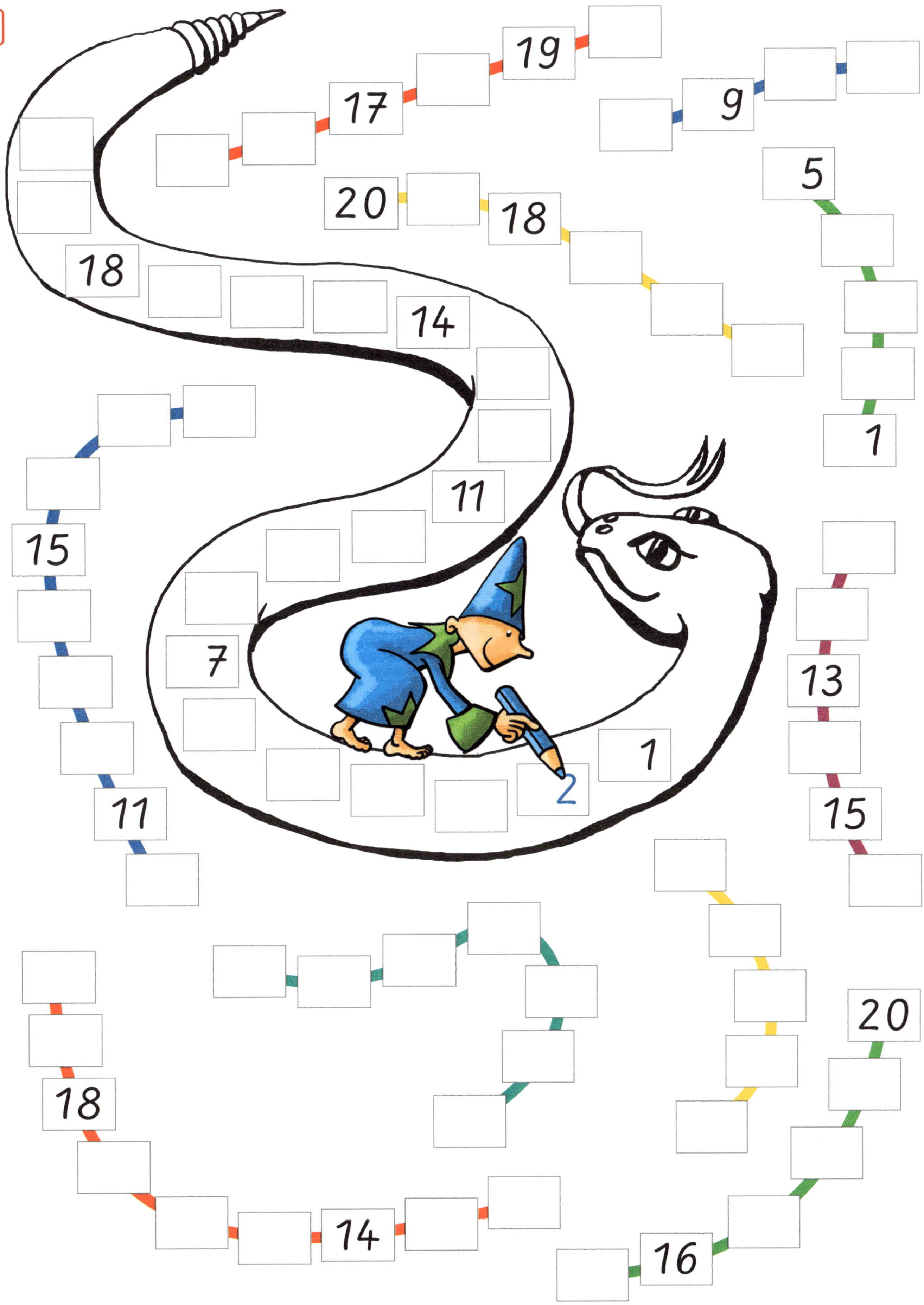

★ Ausschnitte aus Zahlenfolgen ergänzen
★ erkennen, ob Ausschnitte aus Zahlenfolgen absteigend oder aufsteigend ausgerichtet sind

2 Besondere Zahlenfolgen fortsetzen

1

2, 4, 6, 8, …

2

	+2	+2	+2	+2	+2	+2	+2
2	4	6					16

	−2	−2	−2	−2	−2	−2	−2
20	18						6

3

	+3							
3	6	9				21	24	27

	−3					
18			9		3	

4

		5			11			

				11				3

1 2 3 B

* Zahlenfolgen legen und sowohl vorwärts als auch rückwärts in verschiedenen Schrittfolgen abschreiten * Zahlenfolgen in Zweier- und Dreierschritten vorwärts und rückwärts ergänzen * MK: Muster in Zahlenfolgen erkennen und beschreiben sowie Zahlenfolgen ergänzen

1

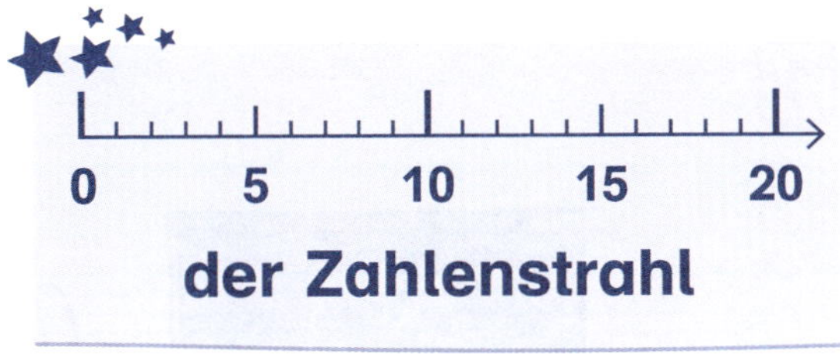

2

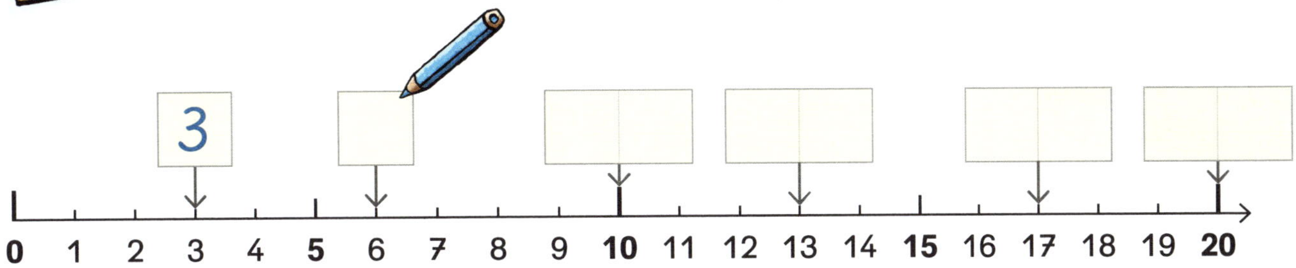

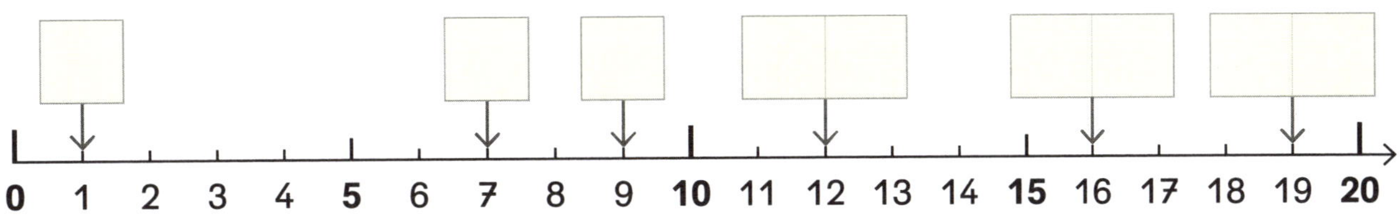

3

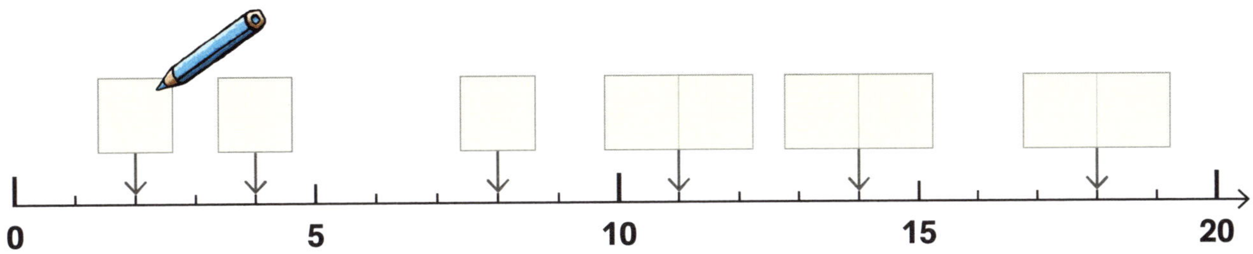

4 ~~5~~, 8, 10, 13, 17, 19

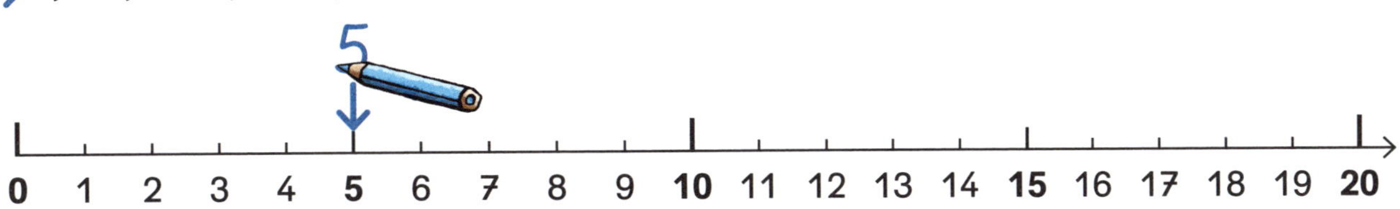

5 ~~3~~, 7, 9, 11, 15, 18

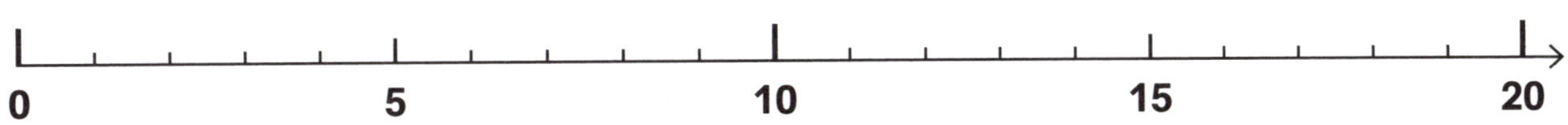

1

★ Uhrzeiten in vollen Stunden in der ersten Tageshälfte (Mitternacht bis Mittag) ablesen und notieren

1

Mitternacht / Mittag
24 Uhr
12 Uhr
0 Uhr
13 Uhr
Nacht
Nachmittag
Abend
12
24
13
14
15
16
17
18
19
20
21
22
23

1

6 Uhr

___ Uhr

___ Uhr

___ Uhr

___ Uhr

___ Uhr

___ Uhr

2

morgens | vormittags | mittags | nachmittags | abends | nachts

7 Uhr, 12 Uhr, 15 Uhr, 19 Uhr, 1 Uhr, 11 Uhr, 13 Uhr, 17 Uhr, 10 Uhr, 8 Uhr, 4 Uhr, 20 Uhr

* zur Tätigkeit und Tageszeit passende Uhrzeiten ablesen und notieren
* Uhrzeiten und Tageszeit passend zuordnen

1

2

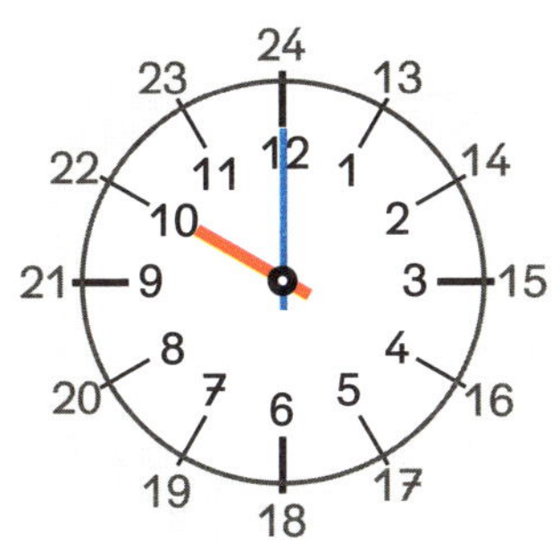

10 Uhr

22 Uhr

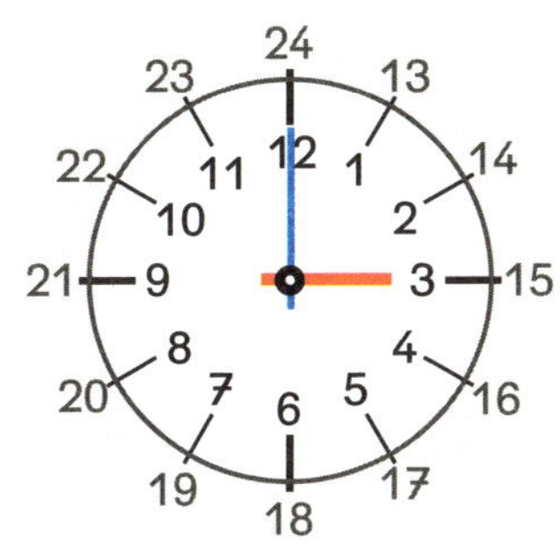

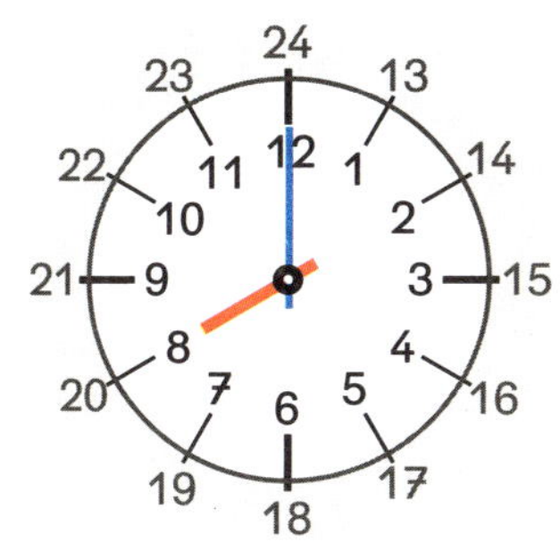

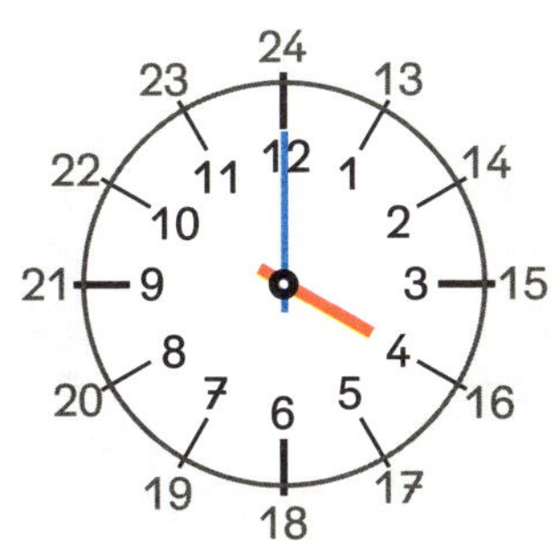

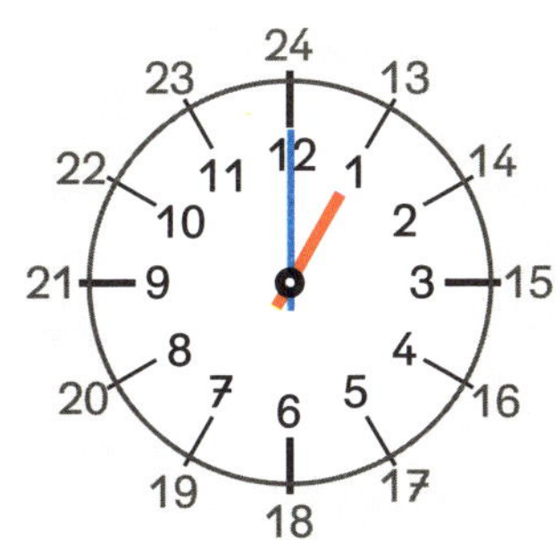

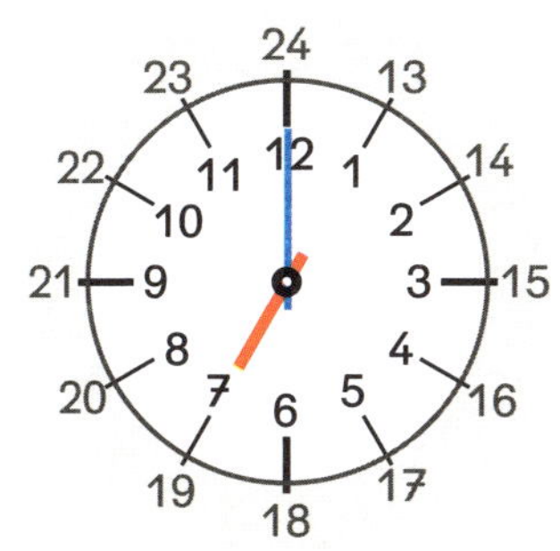

1

★ Es ist 2 Uhr nachts oder 14 Uhr nachmittags.

2

★ zu Zeigerstellungen in vollen Stunden jeweils beide möglichen Uhrzeiten bestimmen

3 Zeigerstellungen einzeichnen

Der **Stundenzeiger** zeigt auf die 2.
Der **Minutenzeiger** zeigt auf die 12.

1

7 Uhr

10 Uhr

16 Uhr

22 Uhr

18 Uhr

8 Uhr

15 Uhr

17 Uhr

13 Uhr

3 Uhrzeiten passend zur Tageszeit ablesen

1

Ich gehe ins Bett.

zweite Tageshälfte

2

Morgen

6 Uhr

Vormittag

Mittag

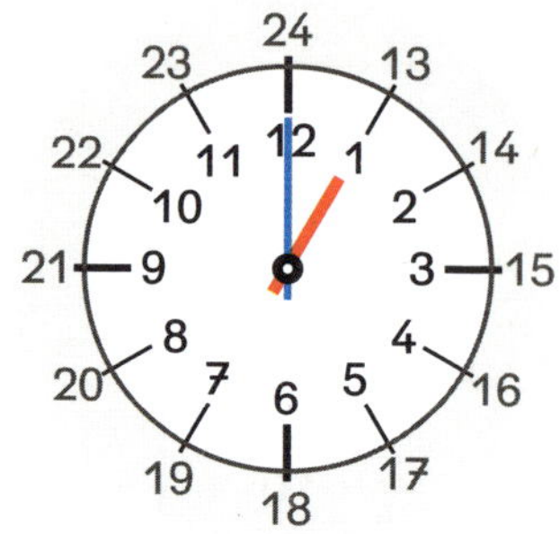

Nachmittag

Abend

Nacht

3

Abend

20 Uhr

Morgen

Mittag

Nacht

Nachmittag

Nacht

Morgen

Abend

★ SF: zu einer Zeigerstellung und Angabe der Tätigkeit die passende Tageshälfte bestimmen und Uhrzeit nennen ★ Uhrzeiten in vollen Stunden mit Bezug auf die Tageszeit ablesen und notieren

Passende Uhrzeiten und Tätigkeiten bestimmen

1

2

7 Uhr

18 Uhr

15 Uhr

22 Uhr

11 Uhr

4 Verwandte Plusaufgaben kennenlernen

1

4 + 3 = 7
ist die **kleine Aufgabe.**

Dann sind 14 + 3 = 17.
Das ist die **große Aufgabe.**

Verwandte Aufgaben

kleine Aufgabe:
4 + 3 = 7

große Aufgabe:
14 + 3 = 17

2

5 + 4 = 9

15 + 4 = 19

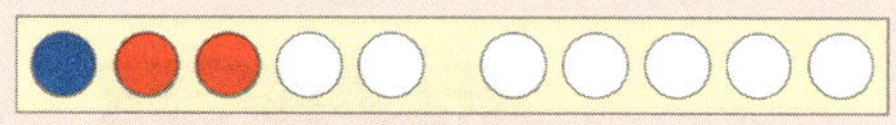

___ + ___ = ___

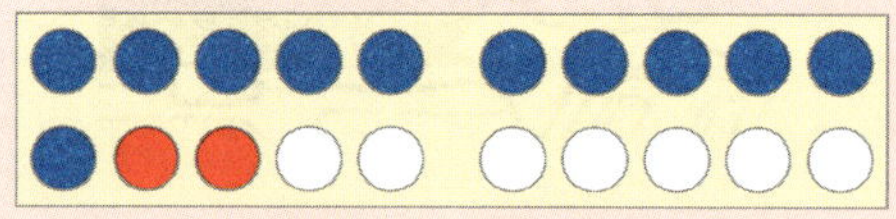

___ + ___ = ___

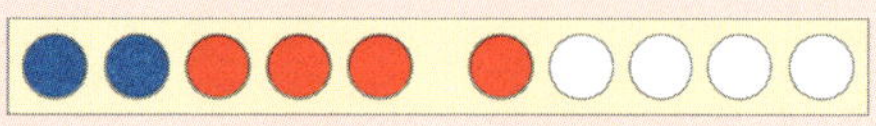

___ + ___ = ___

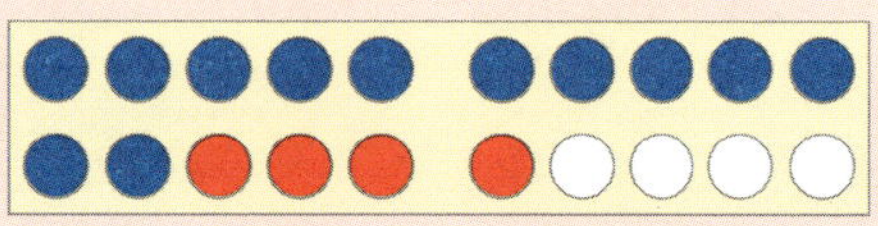

___ + ___ = ___

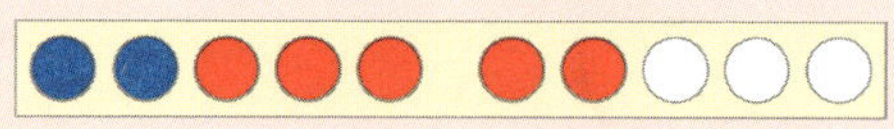

___ + ___ = ___

___ + ___ = ___

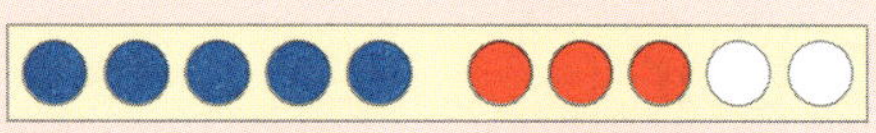

___ + ___ = ___

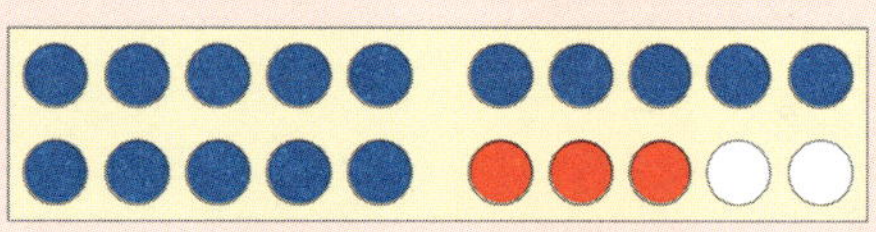

___ + ___ = ___

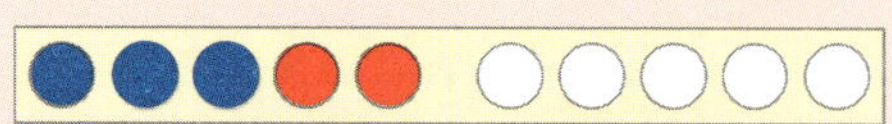

___ + ___ = ___

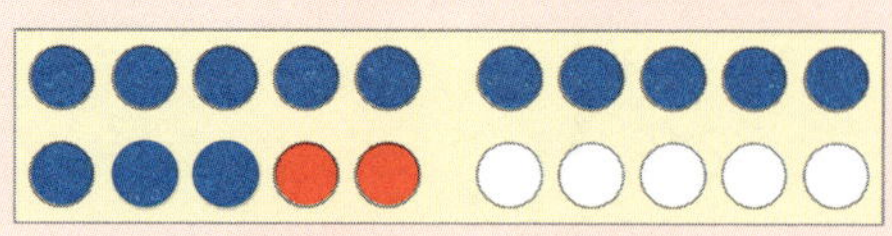

___ + ___ = ___

* mit konkretem Material verwandte Plusaufgaben darstellen
* SF: Begriffe „kleine Aufgabe“ und „große Aufgabe“ verwenden
* zu vorgegebenen Punktebildern verwandte Plusaufgaben notieren

1

6 − 2 = 4
ist die **kleine Aufgabe.**

Dann sind 16 − 2 = 14.
Das ist die **große Aufgabe.**

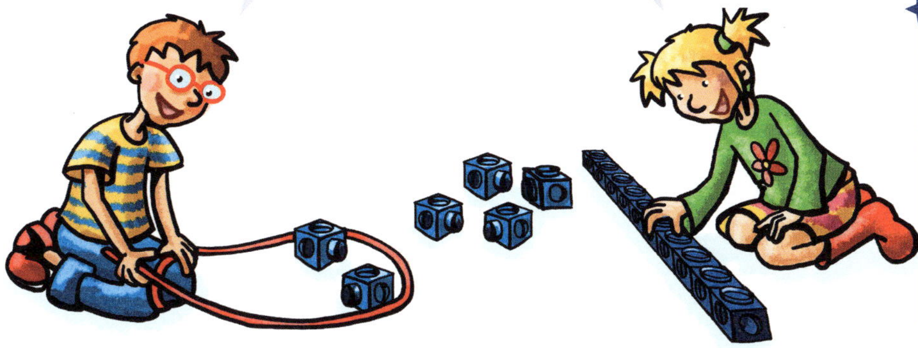

Verwandte Aufgaben

kleine Aufgabe:
6 − 2 = 4

große Aufgabe:
16 − 2 = 14

2

8 − 5 = 3

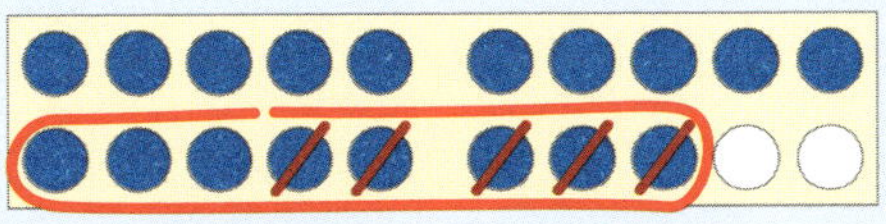

18 − 5 = 13

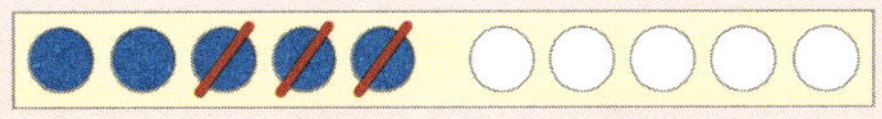

☐ − ☐ = ☐

☐☐ − ☐ = ☐☐

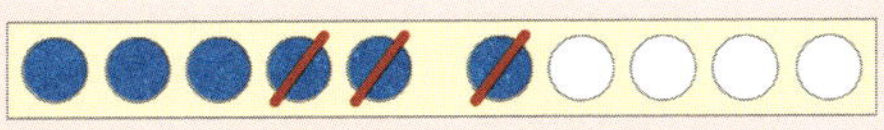

☐ − ☐ = ☐

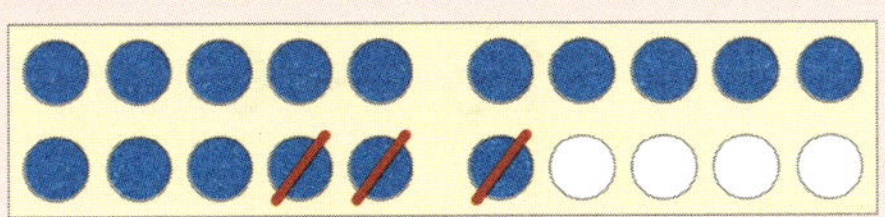

☐☐ − ☐ = ☐☐

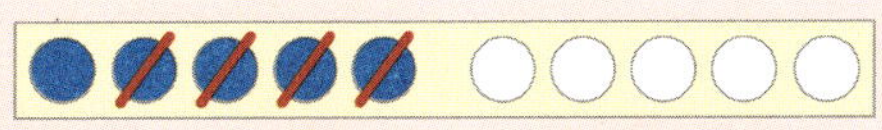

☐ − ☐ = ☐

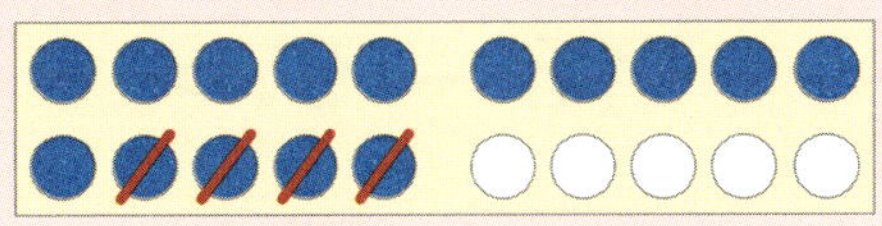

☐☐ − ☐ = ☐☐

☐ − ☐ = ☐

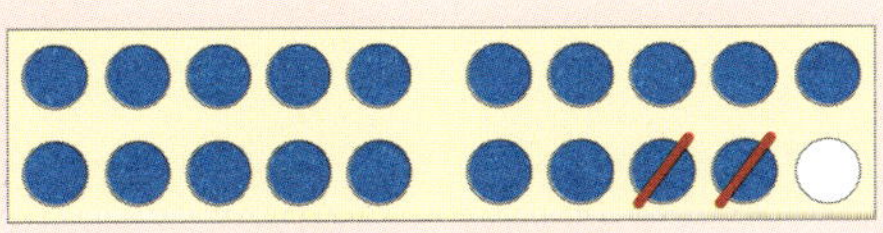

☐☐ − ☐ = ☐☐

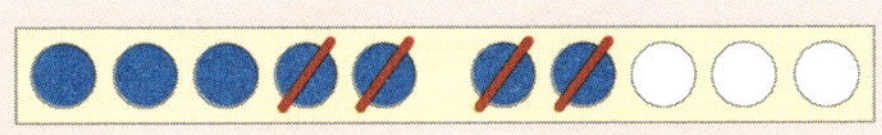

☐ − ☐ = ☐

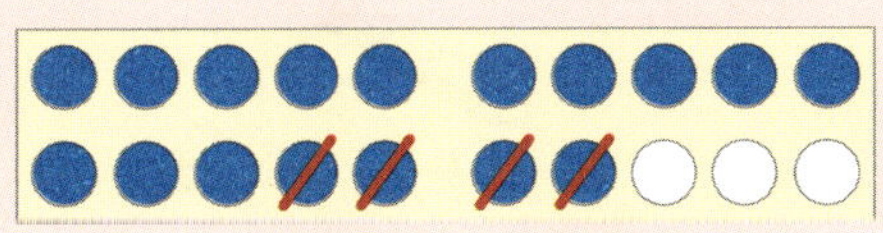

☐☐ − ☐ = ☐☐

1

2 + 4 = 6
12 + 4 = 16

3 + 5 = ___
13 + 5 = ___

6 + 4 = ___
16 + 4 = ___

4 + 4 = ___
14 + 4 = ___

2 + 7 = ___
12 + 7 = ___

2 + 5 = ___
12 + 5 = ___

2

7 − 3 = ___
17 − 3 = ___

8 − 5 = ___
18 − 5 = ___

10 − 7 = ___
20 − 7 = ___

9 − 4 = ___
19 − 4 = ___

6 − 6 = ___
16 − 6 = ___

8 − 4 = ___
18 − 4 = ___

3

___ + ___ = ___
___ + ___ = ___

___ − ___ = ___
___ − ___ = ___

* verwandte Plus- und Minusaufgaben lösen
* verwandte Aufgabenpaare finden

4 Kleine Aufgaben finden und Aufgaben lösen

1

4 + 3 = 7
14 + 3 = 17

4 + 3 ist die **kleine Aufgabe.**

14 + 3 ist die **große Aufgabe.**

2 + ☐ = ☐
12 + 4 = ☐☐

☐ + ☐ = ☐
16 + 3 = ☐☐

☐ + ☐ = ☐
13 + 5 = ☐☐

☐ + ☐ = ☐
17 + 2 = ☐☐

2

9 − 3 = 6 — kleine Aufgabe
19 − 3 = 16 — große Aufgabe

☐ − ☐ = ☐
16 − 5 = ☐☐

☐ − ☐ = ☐
15 − 2 = ☐☐

☐ − ☐ = ☐
18 − 6 = ☐☐

☐ − ☐ = ☐
19 − 4 = ☐☐

☐ − ☐ = ☐
17 − 4 = ☐☐

3

☐ + ☐ = ☐
☐☐ + ☐ = ☐☐

☐ − ☐ = ☐
☐☐ − ☐ = ☐☐

1

14 + 2 = 16

12 + 3 =

14 + 5 =

13 + 4 =

11 + 7 =

Hier hilft die ***kleine Aufgabe:*** *4 + 2 = 6.*

18 − 2 =

17 − 4 =

19 − 3 =

20 − 3 =

16 − 5 =

2

4 + 12 = 16

5 + 13 =

7 + 11 =

3 + 14 =

Hier hilft die ***Tauschaufgabe:*** *12 + 4 = 16.*

2 + 15 =

4 + 16 =

1 + 12 =

5 + 14 =

3

12 + 4 = 16

17 − 5 =

20 − 3 =

11 + 6 =

18 − 5 =

17 − 3 =

14 + 4 =

15 + 5 =

19 − 2 =

18 − 3 =

★ Plus- und Minusaufgaben lösen
★ kleine Aufgabe und Tauschaufgabe als Rechenhilfe nutzen
★ Hefteintrag üben, auf stellengerechte Schreibweise achten

1

4 + [2] = 6	7 − □ = 3
14 + [2] = 16	17 − □ = 13
2 + □ = 7	4 − □ = 1
12 + □ = 17	14 − □ = 11
5 + □ = 8	9 − □ = 7
15 + □ = 18	19 − □ = 17

2

[5] + [2] = [7]	□ + □ = □
15 + □ = 17	12 + □ = 16
□ + □ = □	□ + □ = □
14 + □ = 18	13 + □ = 16
□ − □ = □	□ − □ = □
15 − □ = 11	14 − □ = 12
□ − □ = □	□ − □ = □
17 − □ = 15	16 − □ = 11

★ Ergänzungsaufgaben lösen
★ kleine Aufgabe finden und als Rechenhilfe nutzen

1

16	17	18
13 + 3		

~~13 + 3~~ | 11 + 7 | 14 + 2 | 20 − 3 | 11 + 5

19 − 1 | 16 + 2 | 19 − 3 | 19 − 2 | 18 − 1

12 + 5 | 20 − 2 | 14 + 3 | 20 − 4 | 15 + 3

2

12	14	15
10 + 2		
16 − 4		

* Plus- und Minusaufgaben lösen und dem passenden Ergebnis zuordnen
* zu vorgegebenem Ergebnis selbst passende Aufgaben finden

4 In Tabellen rechnen

+	2	4	
3	5		
13	15		

1

+	1	3	2	4
6	7			
16	17			

+	5	4	2	6
4				
14				

−	3	5	2	6
9				
19				

−	4	3	5	7
7				
17				

2

+	2	4	3	
		9		
15				16

+		5	8	
	5	7		
12				18

−	6	4	1	
		2		
16				14

−		6	5	
	4		3	5
18				

* verwandte Plus- und Minusaufgaben in Tabellen lösen
* verwandte Aufgaben erkennen und nutzen

4 Muster bei Aufgabenreihen (plus) beschreiben

1

12 + 2 = ☐
12 + 3 = ☐
12 + 4 = ☐
☐ + ☐ = ☐
☐ + ☐ = ☐

☐
- ○ immer eins mehr
- ☒ immer gleich
- ○ immer eins weniger

☐
- ○ immer eins mehr
- ○ immer gleich
- ○ immer eins weniger

☐
- ○ immer eins mehr
- ○ immer gleich
- ○ immer eins weniger

2

11 + 3 = ☐
12 + 3 = ☐
13 + 3 = ☐
☐ + ☐ = ☐
☐ + ☐ = ☐

☐
- ○ immer eins mehr
- ○ immer gleich
- ○ immer eins weniger

☐
- ○ immer eins mehr
- ○ immer gleich
- ○ immer eins weniger

☐
- ○ immer eins mehr
- ○ immer gleich
- ○ immer eins weniger

3

12 + 6 = ☐
13 + 5 = ☐
14 + 4 = ☐
☐ + ☐ = ☐
☐ + ☐ = ☐

☐
- ○ immer eins mehr
- ○ immer gleich
- ○ immer eins weniger

☐
- ○ immer eins mehr
- ○ immer gleich
- ○ immer eins weniger

☐
- ○ immer eins mehr
- ○ immer gleich
- ○ immer eins weniger

* Aufgabenreihen fortsetzen und Aufgaben lösen
* **SF/MK:** Strukturen und Zusammenhänge erkennen und beschreiben

Muster bei Aufgabenreihen (minus) beschreiben

1

18 − 2 = ___
18 − 3 = ___
18 − 4 = ___
___ − ___ = ___
___ − ___ = ___

- [ ] immer eins mehr
- [x] immer gleich
- [ ] immer eins weniger

- [ ] immer eins mehr
- [ ] immer gleich
- [ ] immer eins weniger

- [ ] immer eins mehr
- [ ] immer gleich
- [ ] immer eins weniger

2

13 − 2 = ___
14 − 3 = ___
15 − 4 = ___
___ − ___ = ___
___ − ___ = ___

- [ ] immer eins mehr
- [ ] immer gleich
- [ ] immer eins weniger

- [ ] immer eins mehr
- [ ] immer gleich
- [ ] immer eins weniger

- [ ] immer eins mehr
- [ ] immer gleich
- [ ] immer eins weniger

3

19 − 4 = ___
18 − 4 = ___
17 − 4 = ___
___ − ___ = ___
___ − ___ = ___

- [ ] immer eins mehr
- [ ] immer gleich
- [ ] immer eins weniger

- [ ] immer eins mehr
- [ ] immer gleich
- [ ] immer eins weniger

- [ ] immer eins mehr
- [ ] immer gleich
- [ ] immer eins weniger

★ Aufgabenreihen fortsetzen und Aufgaben lösen
★ **SF/MK:** Strukturen und Zusammenhänge erkennen und beschreiben

D 48
ÜH 42

1

11 + 4 =
12 + 4 =
13 + 4 =
14 + 4 =
15 + 4 =

Mir fällt etwas auf.

13 + 3 =
13 + 4 =
13 + 5 =
13 + 6 =
13 + 7 =

2

18 − 4 =
18 − 5 =
18 − 6 =
18 − 7 =
18 − 8 =

20 − 5 =
19 − 5 =
18 − 5 =
17 − 5 =
16 − 5 =

3

16 + 1 =
15 + 2 =
14 + 3 =
13 + 4 =
12 + 5 =

14 − 2 =
15 − 3 =
16 − 4 =
17 − 5 =
18 − 6 =

* Aufgabenreihen lösen
* Strukturen erkennen * evtl. erkennen, dass unterschiedliche Vorgehensweisen gleiche Auswirkungen auf das Ergebnis haben

1

18 + 1 = ___	10 + 8 = ___
16 + 3 = ___	12 + 6 = ___
14 + 5 = ___	14 + 4 = ___
___ + ___ = ___	___ + ___ = ___

2

19 − 8 = ___	12 − 1 = ___
17 − 6 = ___	14 − 3 = ___
15 − 4 = ___	16 − 5 = ___
___ − ___ = ___	___ − ___ = ___

3

16 + 2 = ___	12 + 5 = ___
12 + 6 = ___	15 + 2 = ___
15 + 4 = ___	17 + 3 = ___
___ + ___ = ___	___ + ___ = ___

4

10	___	___	___	___
3 7	4 6	5 5	___ ___	___ ___

5 Symmetrische Figuren herstellen – Klecksbilder

1

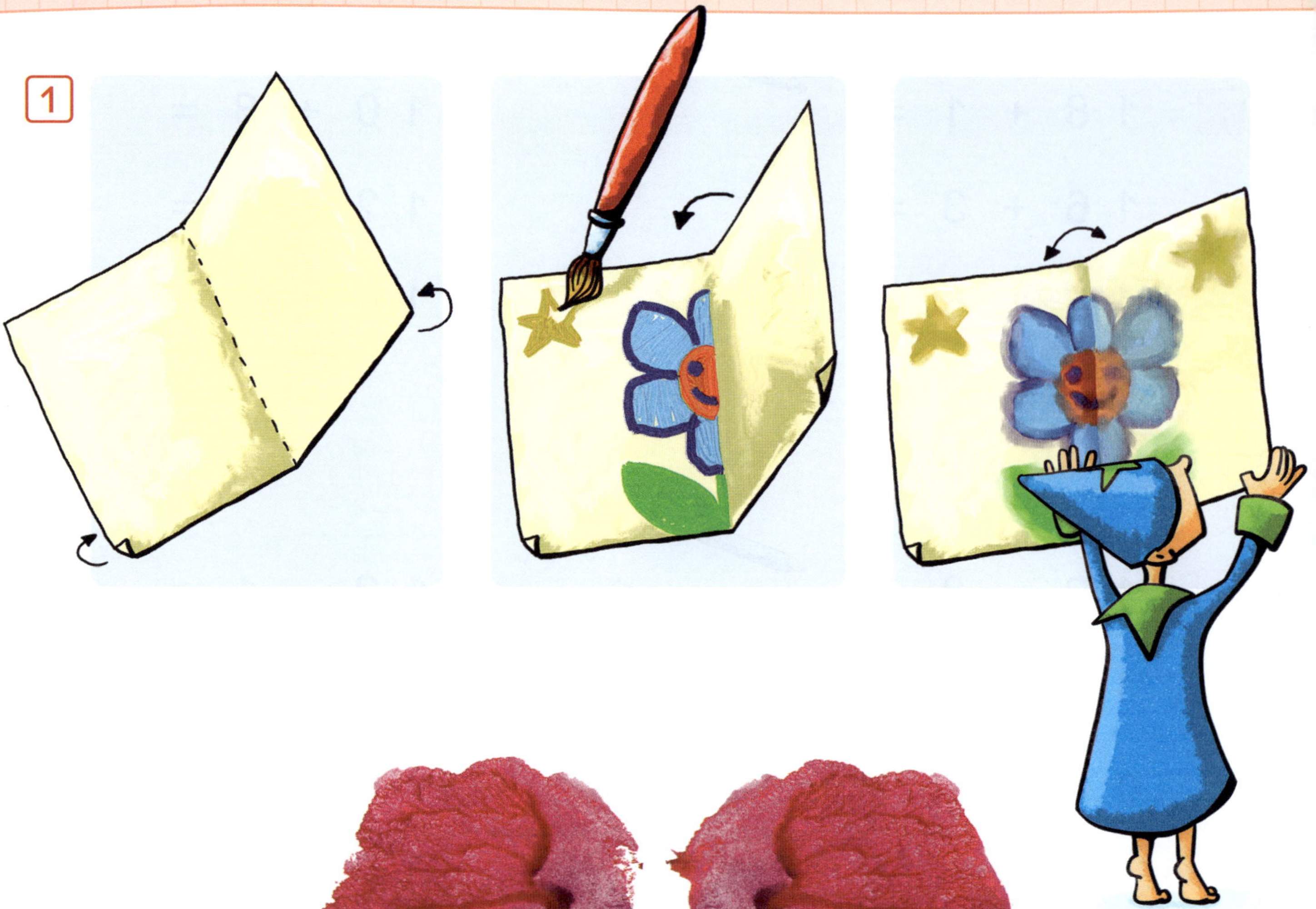

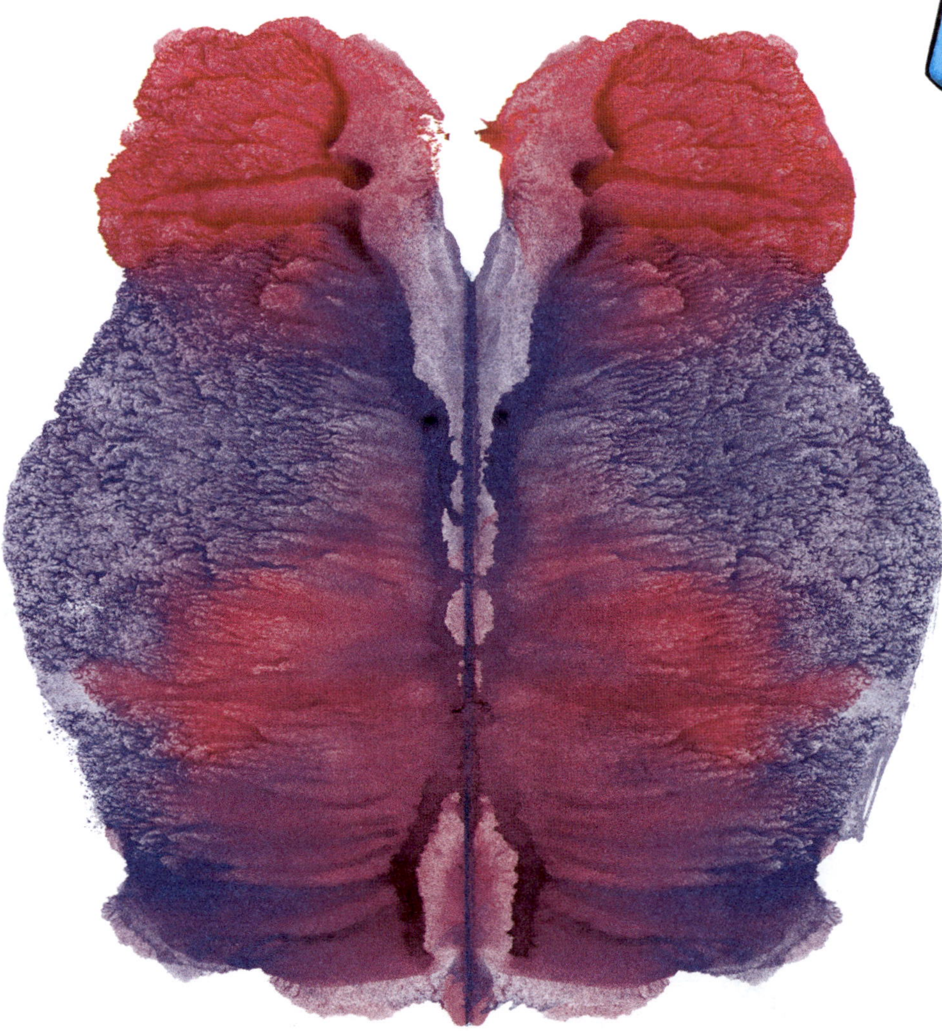

- symmetrische Figuren durch Klecksbilder erzeugen
- **MK:** Arbeitsergebnisse sammeln
- **SF:** Arbeitsergebnisse gemeinsam beschreiben

Symmetrische Figuren herstellen – Falten und schneiden

1

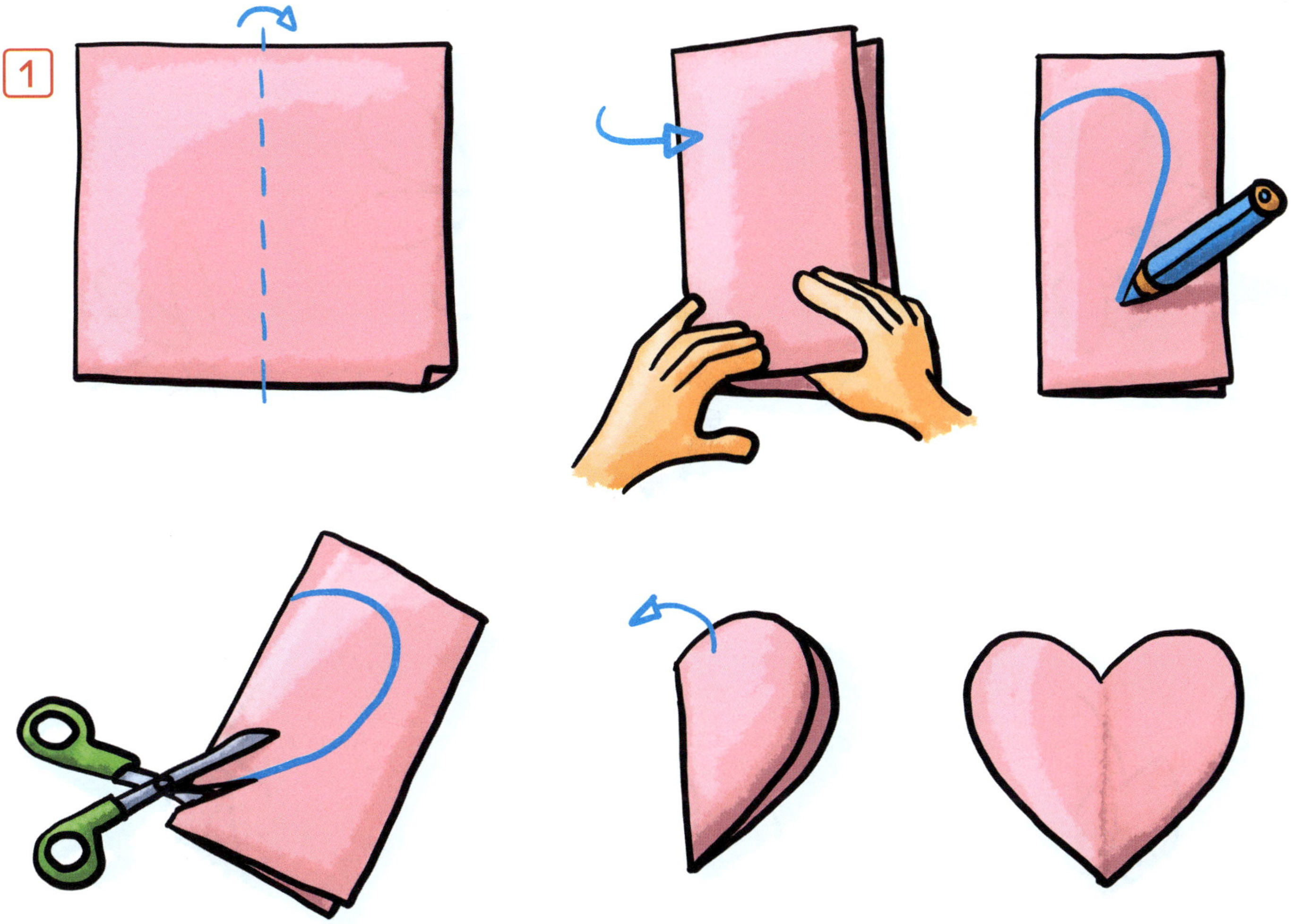

2

5 Symmetrische Figuren zusammensetzen

1

2

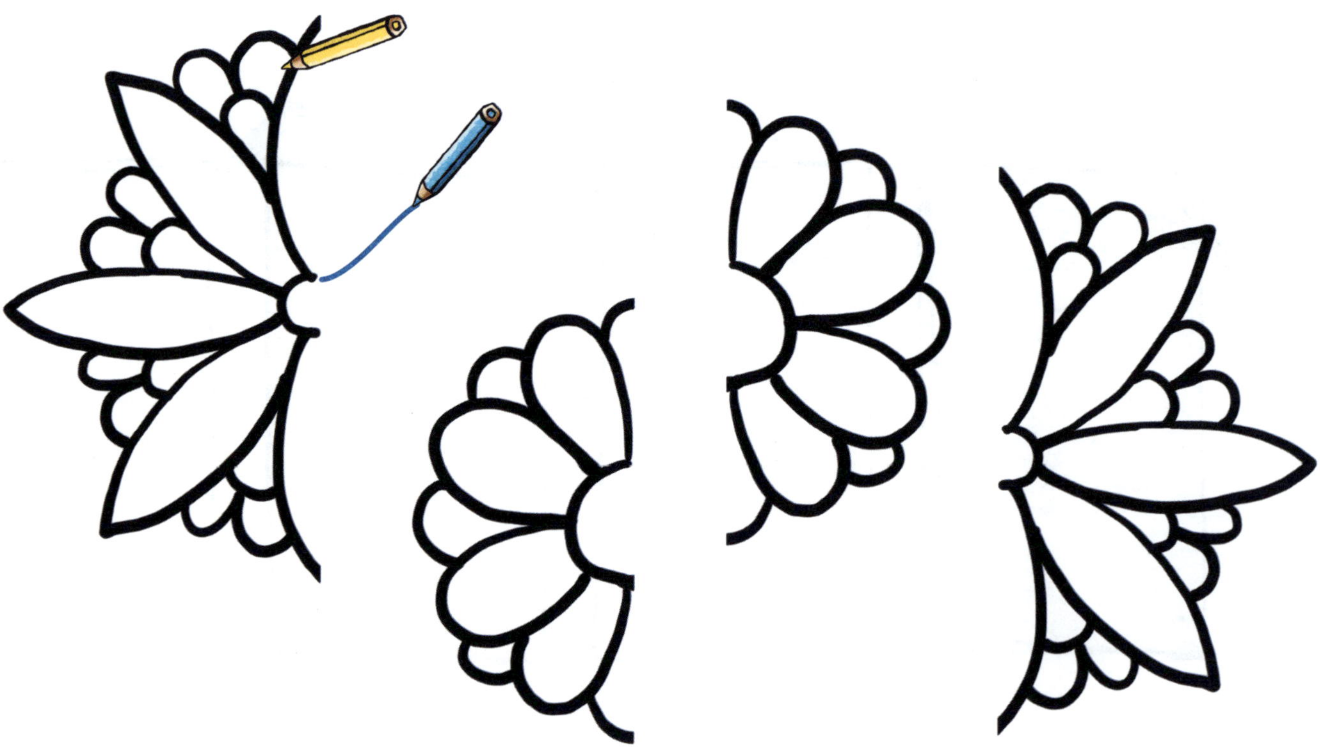

* symmetrische Figuren zusammensetzen
* symmetrische Figuren zusammensetzen und passend ausmalen

Solche Figuren heißen
symmetrische Figuren.
Die Faltlinie heißt
Symmetrieachse.
die Symmetrieachse

1

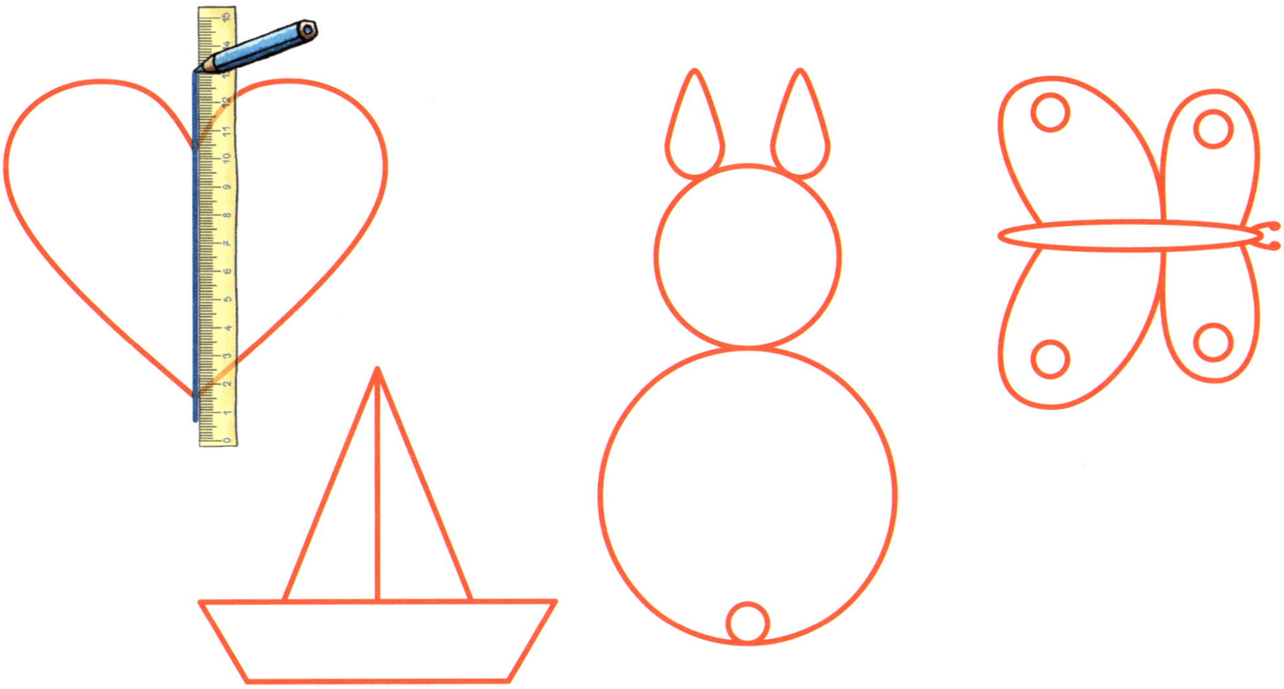

2

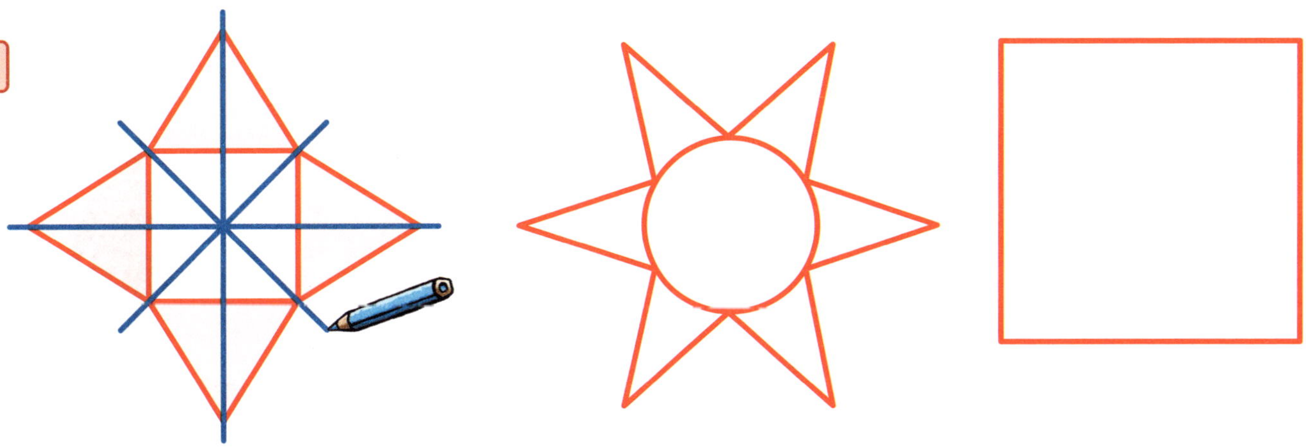

5 Symmetrische Figuren finden und erkennen

1

2

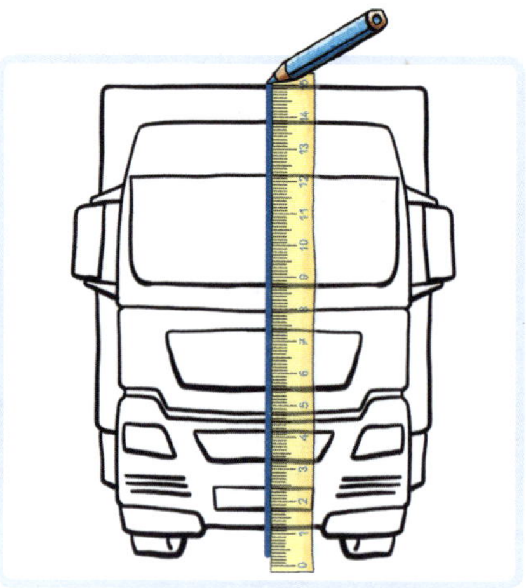

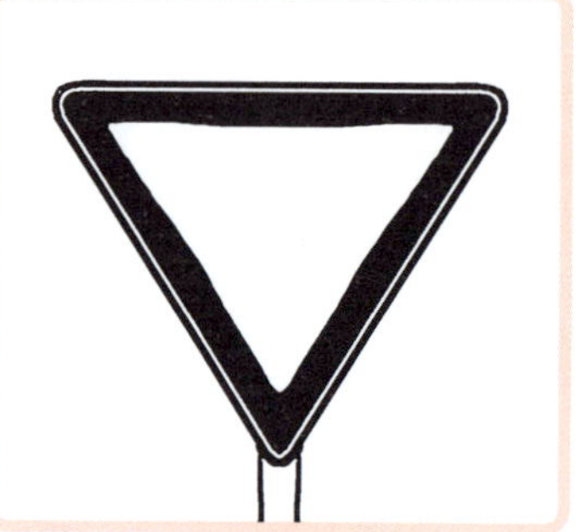

★ **MK:** symmetrische Figuren und Objekte in der Umgebung finden, zeichnen oder fotografieren und präsentieren
★ Symmetrieachsen einzeichnen

1

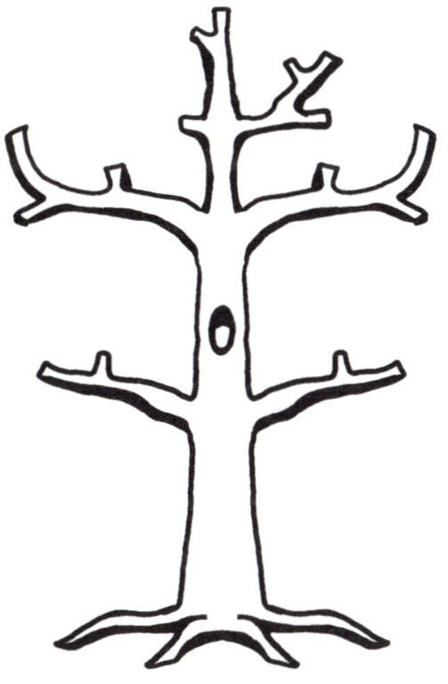

5 Symmetrische Figuren farbig gestalten

1

2

★ durch passendens Einfärben eine symmetrische Figur erzeugen

1

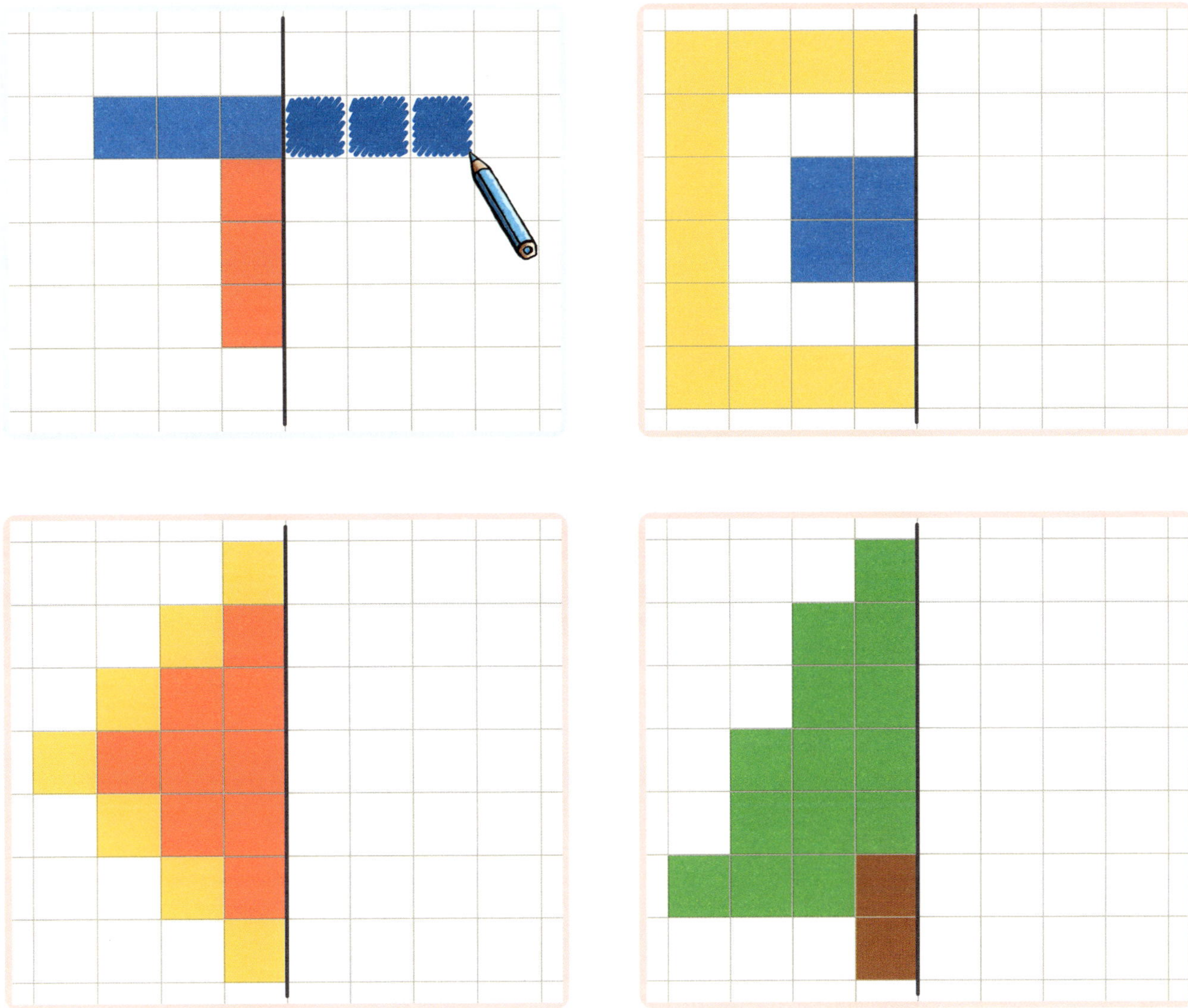

2

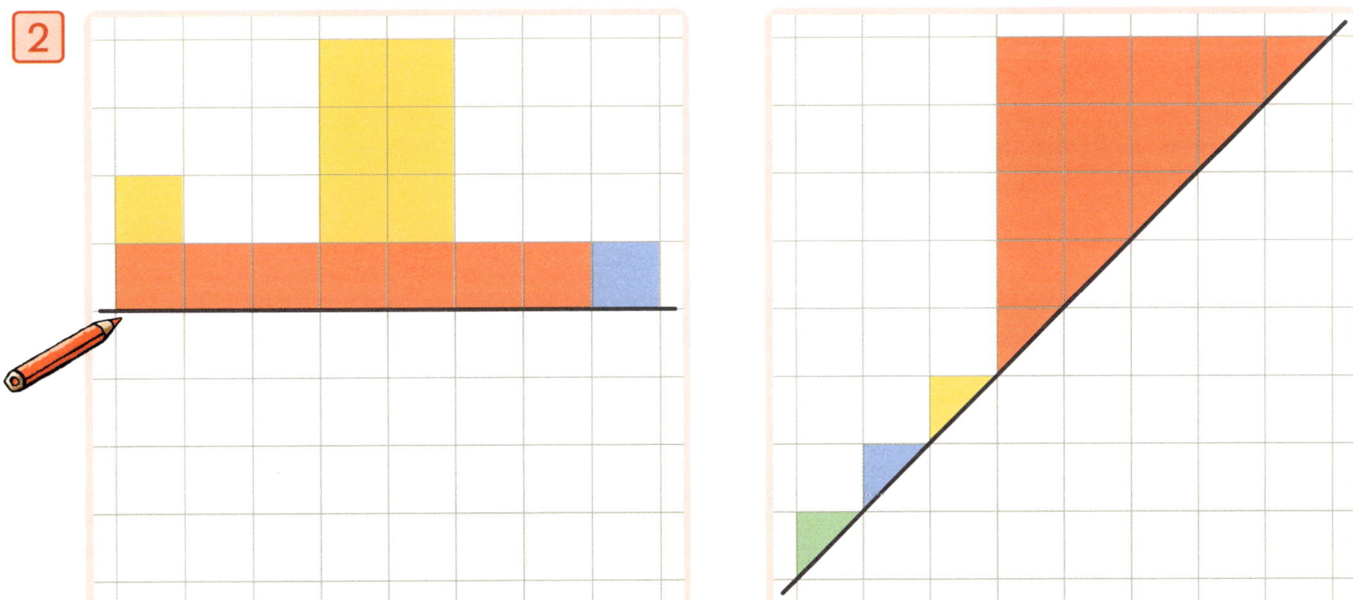

5 Zu symmetrischen Figuren ergänzen (2)

1

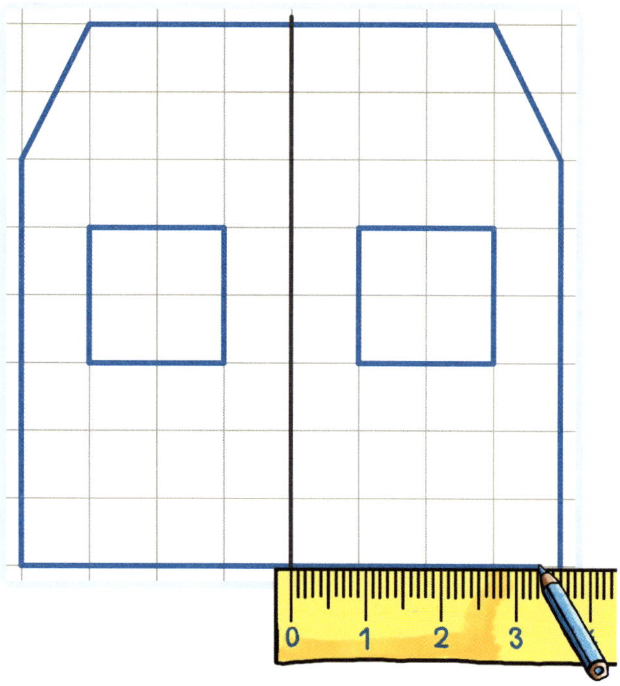

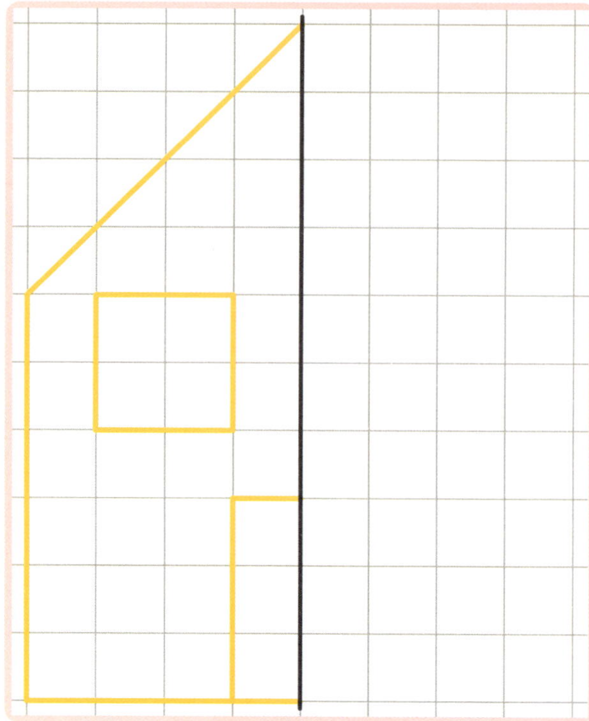

2

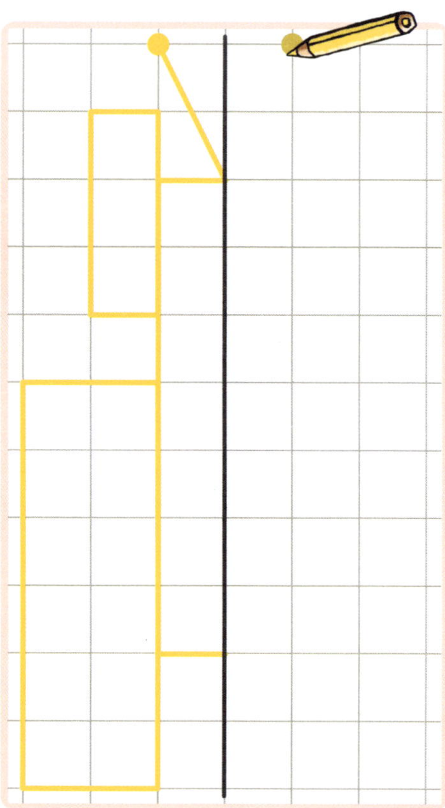

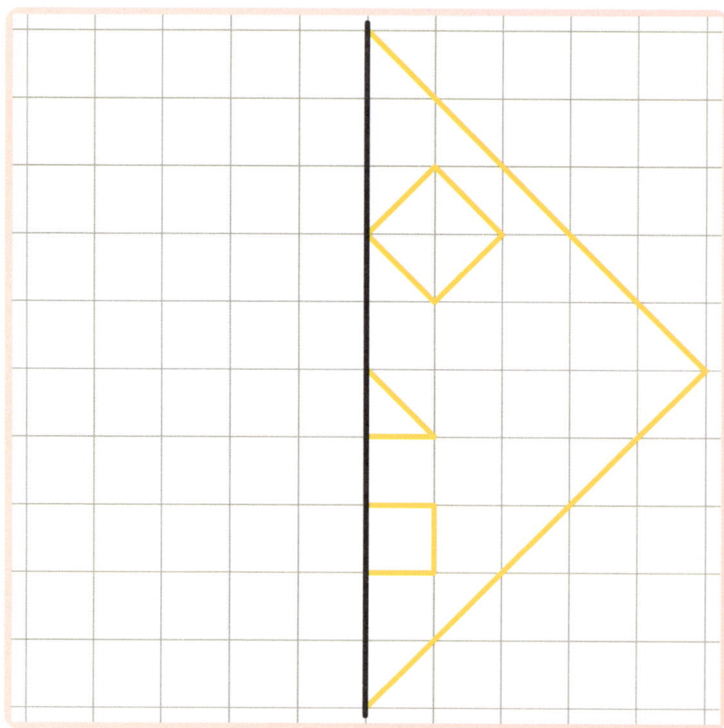

* komplexere achsensymmetrische Figuren auf Karopapier erzeugen
* Lineal und Karopapier als Hilfsmittel nutzen

1

2

★ zu symmetrischen Gesamtfiguren ergänzen, indem auf beiden Seiten der Symmetrieachse Kästchen ausgemalt werden

1

2 + 2 = 4

☐ + ☐ = ☐

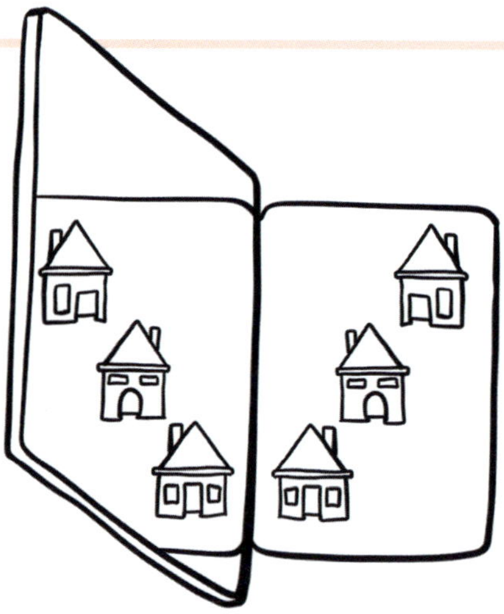

☐ + ☐ = ☐

☐ + ☐ = ☐☐

☐ + ☐ = ☐☐

☐ + ☐ = ☐☐

* Spiegelbilder in Verdopplungsaufgaben übertragen
* selbst Spiegelbild und entsprechende Aufgabe erstellen

6 Zahlen verdoppeln

1

$3 + 3 = 6$

2

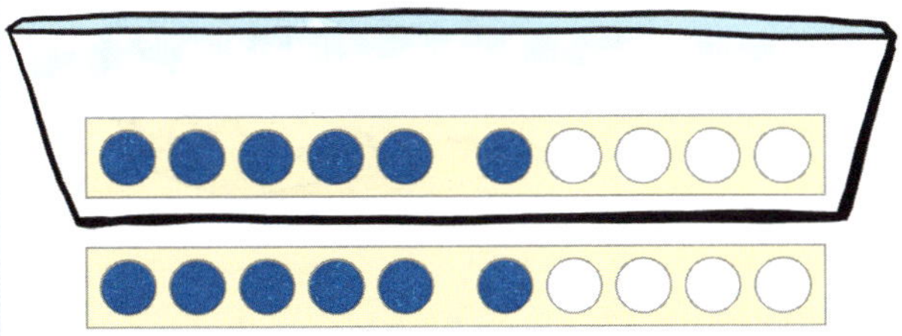

6 + 6 = 12

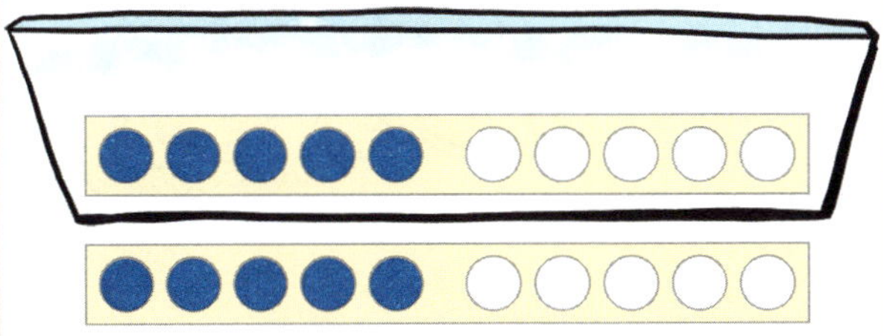

□ + □ = □□

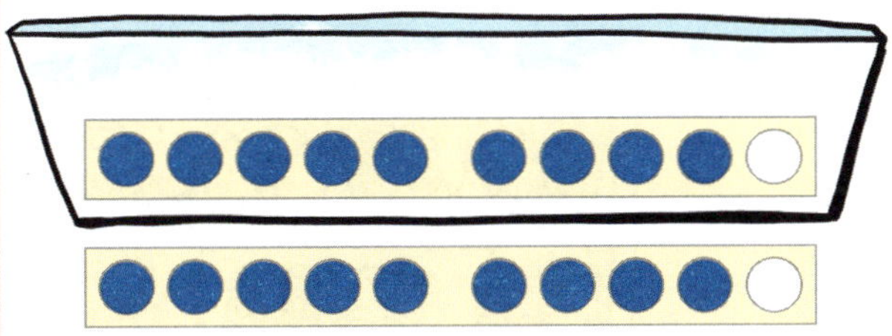

□ + □ = □□

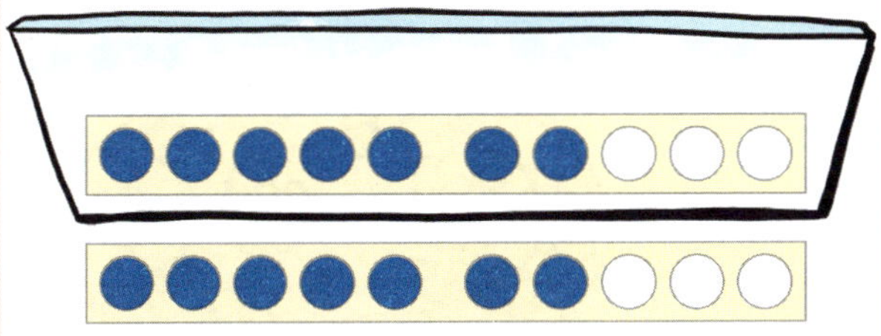

□ + □ = □□

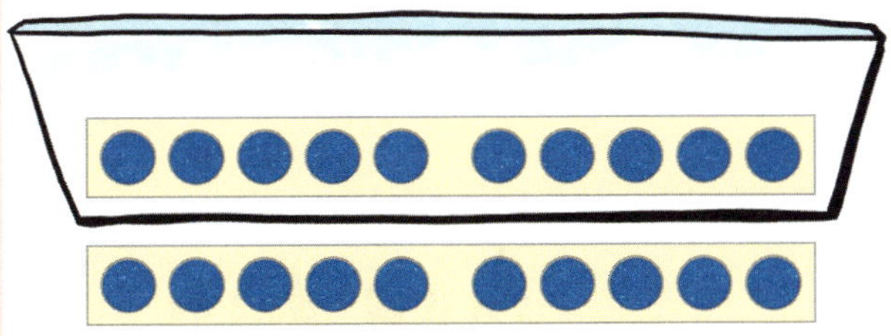

□□ + □□ = □□

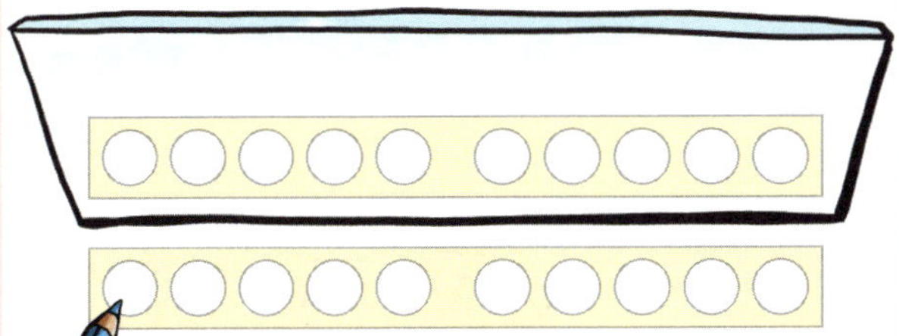

□ + □ = □□

3

die Zahl	1	2	3	4	5	6	7	8	9	10
das Doppelte	2									

* SF: Begriffe „das Doppelte“ bzw. „verdoppeln“ verwenden
* Punktebilder im Zehnerfeld mit dem Spiegel verdoppeln und in Aufgaben übertragen
* Zahlen verdoppeln

B

6 Mit der Schnur halbieren

1

2

6 = 3 + 3

6 − 3 = 3

☐ = ☐ + ☐

☐ − ☐ = ☐

☐☐ = ☐ + ☐

☐☐ − ☐ = ☐

☐☐ = ☐ + ☐

☐☐ − ☐ = ☐

☐☐ = ☐ + ☐

☐☐ − ☐ = ☐

☐☐ = ☐ + ☐

☐☐ − ☐ = ☐

★ **SF:** Begriffe „die Hälfte" bzw. „halbieren" verwenden ★ Mengen handelnd hälftig zerlegen
★ bildlich dargestellte Mengen zeichnerisch hälftig zerlegen
★ in Zerlegungsaufgabe und Minusaufgabe übertragen

Zahlen halbieren

1

Die **Hälfte** von 6 ist 3.

2

8 = 4 + 4

8 − 4 = 4

☐☐ = ☐ + ☐

☐☐ − ☐ = ☐

☐☐ = ☐ + ☐

☐☐ − ☐ = ☐

☐☐ = ☐ + ☐

☐☐ − ☐ = ☐

☐☐ = ☐☐ + ☐☐

☐☐ − ☐☐ = ☐☐

☐☐ = ☐ + ☐

☐☐ − ☐ = ☐

3

die Zahl	2	4	6	8	10	12	14	16	18	20
die Hälfte	1									

* konkret handelnd Punktebilder im Zwanzigerfeld halbieren
* bildlich dargestellte hälftige Zerlegung in Aufgaben übertragen
* Zahlen halbieren

B

6 Tabellen ergänzen

1

4 Kinder

8 Schuhe

2

Kinder	1	4	7	2	5	10	8	3		
Schuhe	2									

Schuhe	6	12	18	4	20	8	14	2		
Kinder	3									

★ das Doppelte und die Hälfte anhand konkret und bildlich dargestellter Alltagssituationen bestimmen ★ Tabellen ergänzen

1

2

6 Aufgaben zum Verdoppeln und Halbieren üben

1

2

1	+	1	=	2	2	+	2	=	4
3	+	3	=	6	4	+	4	=	8
5	+	5	=		6	+	6	=	
7	+	7	=		8	+	8	=	
9	+	9	=		10	+	10	=	

3

4

20	=	10	+	10	20	−	10	=	10
18	=	9	+	9	18	−	9	=	9
16	=		+		16	−		=	
14	=		+		14	−		=	
12	=		+		12	−		=	

123 B

⋆ Zahlen verdoppeln und halbieren
⋆ Aufgaben zum Verdoppeln oder Halbieren im Heft lösen, auf stellengerechte Schreibweise achten

5
2 + 2 = ☐ 6 + 6 = ☐☐ 7 + 7 = ☐☐

4 + 4 = ☐ 8 + 8 = ☐☐ 10 + 10 = ☐☐

3 + 3 = ☐ 5 + 5 = ☐☐ 9 + 9 = ☐☐

6
6 − 3 = ☐ 18 − 9 = ☐ 20 − 10 = ☐☐

8 − 4 = ☐ 10 − 5 = ☐ 12 − 6 = ☐

4 − 2 = ☐ 14 − 7 = ☐ 16 − 8 = ☐

7
9 + 9

10 + 10

☐ + ☐

8 + 8

6 + 6

20 19 18 17 16 15 14 13 12 11

10 9 8 7 6 5 4 3 2 1

18 − 9

☐☐ − ☐

14 − 7

20 − 10

12 − 6

* Aufgaben zum Verdoppeln oder Halbieren lösen

1

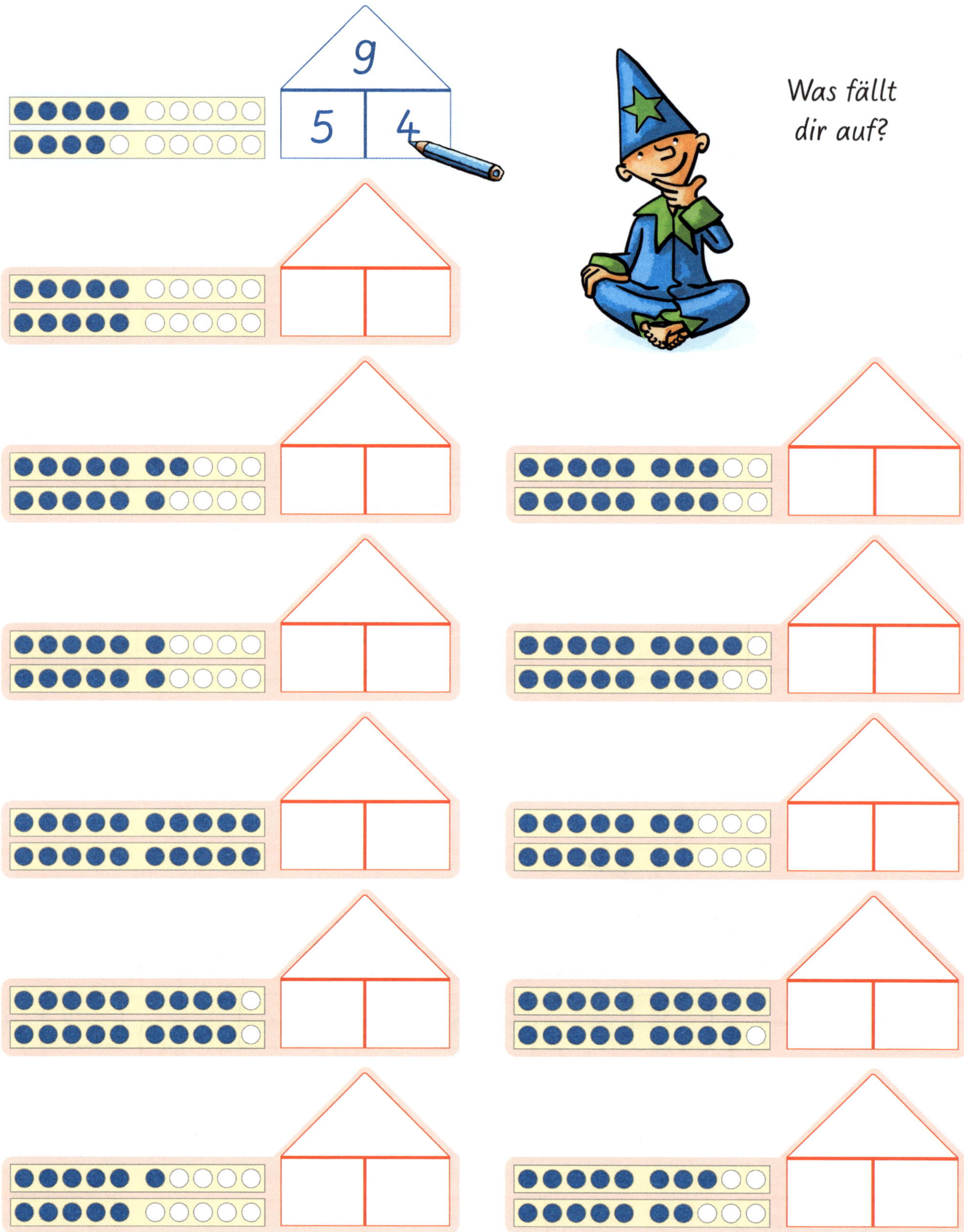

Was fällt dir auf?

Gerade Zahlen kann man in 2 gleiche Teile zerlegen.
Ungerade Zahlen kann man nicht in 2 gleiche Teile zerlegen.

* bildlich dargestellte Zerlegungen in Zahlzerlegungungen übertragen
* Eigenschaften gerader und ungerader Zahlen kennenlernen

1

2

1	2	3	4	5	6	7	8	9	10
11	12	13	14	15	16	17	18	19	20

3

2 + 4 = 6	16 + 2 =
3 + 5 =	11 + 7 =
6 + 3 =	12 + 5 =
5 + 4 =	15 + 2 =

1

Name	Milch	Kakao	Vanille
Tim		X	
Lena	X		
Anne		X	
Max			X

2

Name	Milch	Kakao	Vanille
Patrick	X	○	○
Maja	○	○	○
Mai-Lin	○	○	○
Janek	○	○	○

* MK: einer Tabelle Informationen entnehmen
* MK: vorgegebene Informationen in einer Tabelle notieren

Informationen in Tabellen übertragen

1

	Lena

2

	ja	nein
Anne	○	X
Max	○	○
Janek	○	○
Tim	○	○
Lena	○	○
Mai-Lin	○	○

⋆ MK: vorgegebene Informationen in einer Tabelle notieren
⋆ MK: vorgegebene Informationen überprüfen

1

2

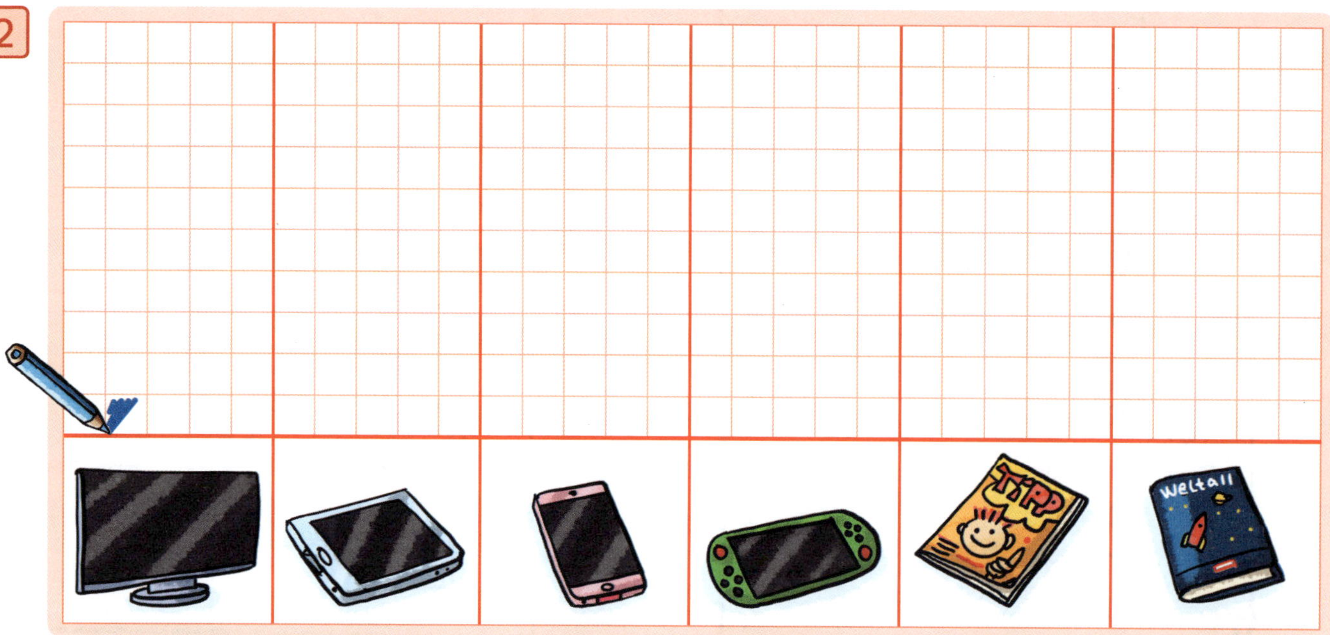

* **MK:** Befragung zur Mediennutzung durchführen
* **MK:** Ergebnisse als Strichliste notieren
* **MK:** Strichliste in Säulendiagramm übertragen

Häufigkeiten von Würfelergebnissen notieren

1 *Ich würfle 20-mal.*

Würfelbild	⚀	⚁	⚂	⚃	⚄	⚅
Strichliste						
Anzahl						

2 *Ich würfle 20-mal.*

4 + 1 = 5

	1	2	3	4	5	6	7	8	9	10	11	12
Strichliste												
Anzahl												

* mindestens 20-mal würfeln und Würfelergebnisse in einer Tabelle notieren
* mindestens 20-mal würfeln, Augenzahlen addieren und Ergebnisse in einer Tabelle notieren
* Häufigkeiten von Würfelergebnissen vergleichen, Erklärungen finden

7 Unterschiedlich aufstellen – alle Möglichkeiten finden

1

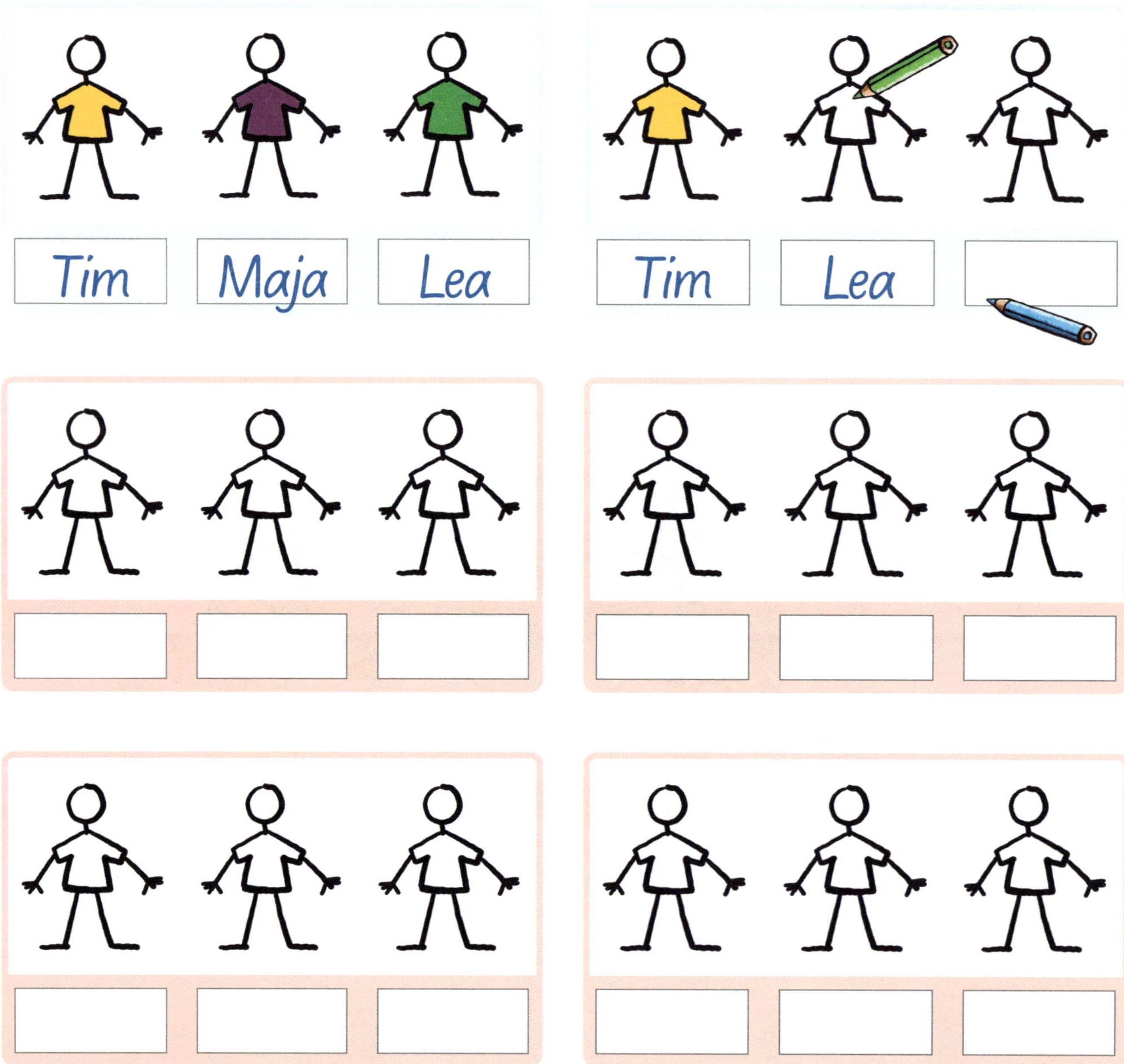

* handelnd und zeichnend alle Möglichkeiten finden, wie sich drei Kinder nebeneinander aufstellen können
* systematisches Vorgehen anbahnen

Verschiedene Steckwürfeltürme bauen und zeichnen

1

2

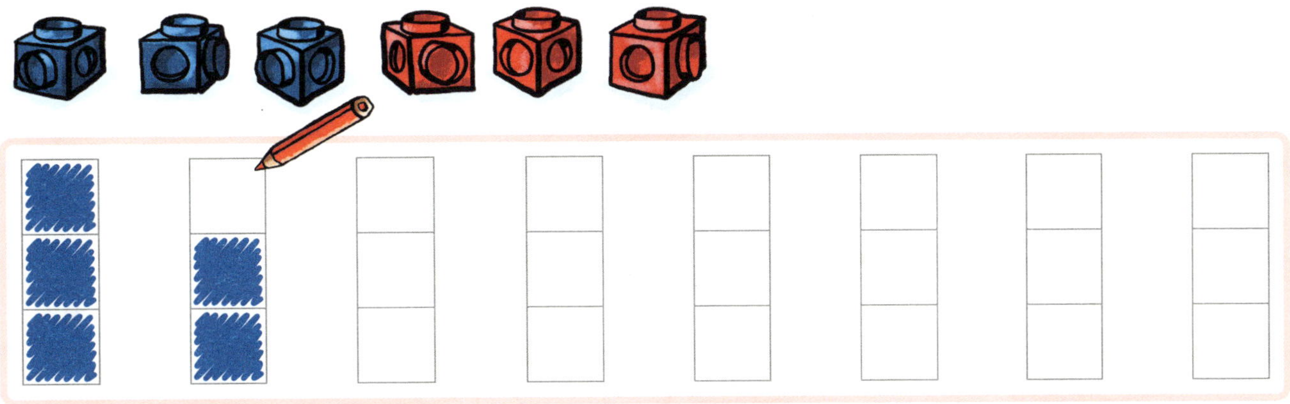

3

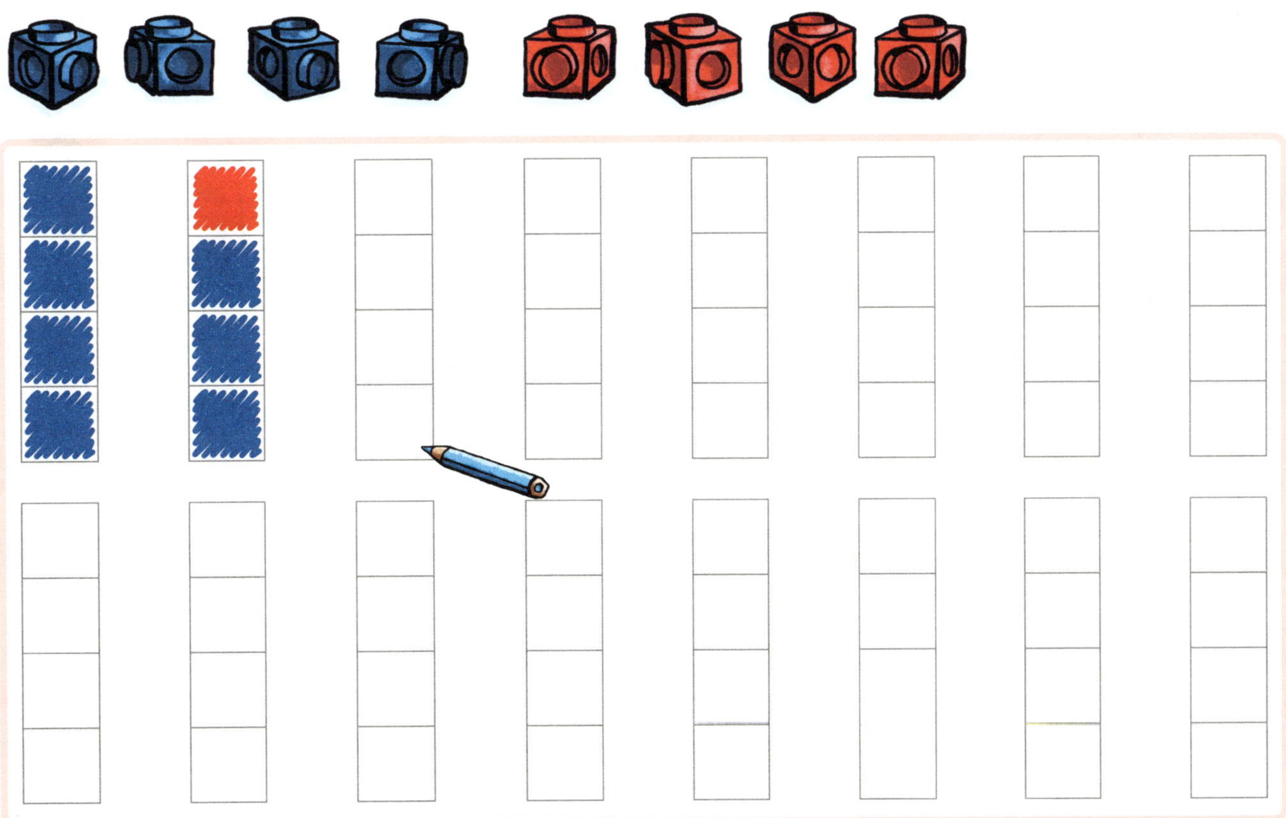

1

Vanilleeis Erdbeereis Schokoeis

* zeichnerisch alle möglichen Eistüten zusammenstellen
* erkennen, dass dabei die Position der Eiskugeln unerheblich ist

Einstern 1

Themenheft 3

Die Zahlen bis 20 · Zeit · Verwandte Aufgaben · Symmetrie · Verdoppeln und halbieren · Daten und Kombinatorik

Erarbeitet von: Roland Bauer und Jutta Maurach
Redaktion: Sophie Arndt, Friederike Thomas
Illustration: Yo Rühmer
Umschlaggestaltung: Cornelia Gründer, agentur corngreen, Leipzig
Layout und technische Umsetzung: lernsatz.de

www.cornelsen.de

1. Auflage, 6. Druck 2023

Alle Drucke dieser Auflage sind inhaltlich unverändert
und können im Unterricht nebeneinander verwendet werden.

Druck: ppm Fulda GmbH & Co. KG, Fulda

ISBN 978-3-06-084643-6

PEFC
PEFC/04-31-1308

Durch die Beschaffung von PEFC-zertifiziertem Material fördern wir weltweit nachhaltige Waldbewirtschaftung.
www.pefc.de

Vorschläge für Plenumsphasen zum vertiefenden Erwerb prozessbezogener Kompetenzen

S. 4/5	Kinder beschreiben, vergleichen und bewerten Vorgehensweisen bei der Anzahlbestimmung (→ BigBook: Seite 20)
S. 12	Kinder beschreiben mithilfe der Stellentafel die Zehner-Einer-Struktur von Zahlen; sie erkennen, dass Sprech- und Schreibweise voneinander abweichen sowie Besonderheiten bei 11, 12, 20
S. 14	Kinder erkennen, dass es beim Einsetzen von Zahlen in Ungleichungen mehrere Lösungen gibt, und beschreiben diese, z. B.: „alle Zahlen, die größer/kleiner als ... sind“ oder „alle Zahlen, die zwischen ... und ... liegen“
S. 20/22	Kinder beschreiben die Strukturen unterschiedlicher Zahlenfolgen (auf-/absteigend, Schrittfolge)
S. 24/25	Kinder erkennen, dass die gleiche Zeigerstellung in Abhängigkeit von der Tageszeit unterschiedliche Uhrzeiten darstellt (→ BigBook: Seite 22)
S. 32/33	Kinder entdecken und beschreiben Analogien und deren Nutzen beim Rechnen (→ BigBook: Seite 24)
S. 40/41	Kinder beschreiben Strukturen von Aufgabenreihen und entdecken Auswirkungen der Veränderungen
S. 47	Kinder beschreiben die Besonderheiten der abgebildeten symmetrischen Figuren und erkennen, dass es Figuren mit einer Symmetrieachse und solche mit mehreren Symmetrieachsen gibt
S. 49	Kinder beschreiben ihr Vorgehen beim Überprüfen der Figuren auf Achsensymmetrie, z. B. mit dem Spiegel, durch genaues Betrachten oder durch gedankliches Falten (→ BigBook: Seite 26)
S. 52	Kinder beschreiben ihr Vorgehen und erkennen, dass es günstig ist, zunächst die Eckpunkte mit dem gleichen Abstand zur Symmetrieachse zu bestimmen und diese anschließend mit dem Lineal zu verbinden
S. 54/56	Kinder übertragen handelnd durchgeführte und bildlich dargestellte Verdopplungen und Halbierungen in Rechenaufgaben, dabei erkennen sie auch, dass es Zahlen gibt, die nicht halbiert werden können (→ BigBook: Seite 28)
S. 62	Kinder beschreiben auf der Grundlage von Punktebildern Eigenschaften gerader und ungerader Zahlen
S. 63	Kinder beschreiben die Anordnung von geraden und ungeraden Zahlen in der Zahlenreihe und entdecken, dass die Eigenschaft gerade/ungerade am Einer erkannt werden kann
S. 66	Kinder führen in der Klasse oder in Teilgruppen eine Befragung zur Mediennutzung in der Freizeit durch; sie vergleichen die Notationsformen Strichliste und Säulendiagramm
S. 67	Kinder stellen Vermutungen über die Häufigkeit von Würfelergebnissen an und vergleichen diese mit den Ergebnissen; beim Würfeln mit zwei Würfeln finden sie Begründungen für die Verteilung der Häufigkeiten
S. 69/70	Kinder vergleichen und bewerten Vorgehensweisen beim Auffinden aller Möglichkeiten

Vorschläge für die Förderung von Medienkompetenz

S. 12	Kinder erstellen und präsentieren zu ihrer Lieblingszahl einen Steckbrief mit sämtlichen kennengelernten Zahldarstellungen
S. 30	Kinder erstellen individuell Plakate, auf denen ihr Tagesablauf dargestellt ist und die jeweils passenden Uhr- und Tageszeiten notiert sind, sie stellen ihre Plakate einem anderen Kind vor und vergleichen ihre Plakate
S. 35	Kinder gestalten ein Lege-/Kartenspiel, bei dem verwandte Aufgaben einander zugeordnet werden müssen
S. 65	Kinder erstellen für die eigene Klasse eine Übersichtstabelle über die Ämter
S. 66	Kinder besprechen verschiedene Arten der Freizeitgestaltung mit und ohne digitale Medien sowie Nutzen und Gefahren unterschiedlicher Medien

Synopse zu den Medienkompetenzbereichen

Suchen, Verarbeiten und Aufbewahren	S. 44, 64, 65
Produzieren und Präsentieren	S. 12, 30, 35, 48, 65, 66
Problemlösen und Handeln	S. 22, 40, 41
Analysieren und Reflektieren	S. 66